# 66일 자존감 대화법

밝고 긍정적이며 야무진 아이로 키우는
하루 10분 부모 대화 수업

# 66일 자존감 대화법

김종원 지음

# 하루 10분, 부모의 작은 대화가 만드는 우리 아이 평생 자존감

"작가님의 조언을 그대로 실천하니 아이가 정말 달라졌어요."

"아이에게 말해주니 순식간에 생각과 행동까지 좋아졌습니다."

하루에도 몇 번씩 제가 운영하는 각종 SNS를 통해서 이런 기쁜 소식을 듣고 있습니다. 하지만 늘 아름다운 결과만 있는 건 아닙니다. 간혹 아무리 열심히 해도 아이가 변하지 않아서 고민이라는 분도 계시죠.

아무리 열심히 공부해도 늘 결핍감에 시달리는 아이
주변의 사소한 소리에도 민감하게 반응하는 아이
스스로 또는 다른 사람들에게 상처를 주는 아이

자기감정과 싸우느라 에너지를 긍정적인 곳에 사용하지 못하는 아이

모두 다른 모습인 것처럼 보이지만, 사실 이 모든 문제의 원인은 한 가지입니다. 어떤 방법이나 말도 통하지 않는다면, 아이가 어디에서 무엇을 배워도 나아지지 않는다면, 문제는 바로 아이의 '자존감'에 있기 때문입니다. 왜 그런 걸까요?

자존감이란 '자신의 가치를 스스로 평가한 결과'입니다. 자신의 내면과 외면을 구성하고 있는 성향과 성격, 삶에 대한 태도와 외모 등 그 모든 것의 가치를 스스로 평가한 결과가 자존감의 높이와 강도를 결정합니다. 그래서 자존감은 아이의 성장에 매우 결정적인 영향을 미치죠. 자존감이 낮다는 것은 자신을 스스로 수준 낮은 사람이라고 생각하는 것과 같습니다. 자신을 구성하는 모든 것에 대한 믿음이 매우 약하기 때문에 성장의 날개가 될 희망이나 꿈, 끈기나 목표를 가질 수가 없죠. 그런 무기력한 상태에 놓여 있는 아이에게는 아무리 값진 이야기와 교육적 메시지를 전해도 소용이 없습니다.

건물을 세우기 위해 가장 먼저 해야 할 일은 무엇일까요? 땅을 평평하게 만드는 것입니다. 자존감이란 바로 그 평평한 상태라고 말할 수 있어요. 높고 근사한 건물은 단단한 자존감 위에 세워집니다. 하지만 지반이 약하거나 평평하지 않은 땅 위에는 아무리 고가의 건축

재료로 건물을 세우려 해도 짓는 도중 무너질 수밖에 없습니다. 자존감이 낮은 아이의 하루가 '밑 빠진 독'과 같은 이유죠. 자녀교육서를 아무리 읽어도 아이에게 변화가 없는 이유 역시 마찬가지입니다. 아무리 넣고 또 넣어도 그 안에 결코 쌓이지 않기 때문에, 오히려 담으려고 노력할수록 흔들리고 공허한 감정만 느끼게 되죠.

모든 교육에 앞서 가장 중요한 건 먼저 땅을 평평하게 만드는 일, 다시 말해 아이의 자존감을 단단하게 만들어주는 것입니다. 이미 다른 수많은 가정에서 성공한 것처럼, 여러분은 제가 소개하는 66가지 다양한 말을 통해서 아이의 자존감을 이전과 비교할 수 없을 정도로 단단하게 만들 수 있습니다. 66일간 이어지는 하루 10분의 작은 대화가 아이의 자존감을, 하루를, 삶을 변화시킬 것입니다.

이 책은 총 6장으로 구성하였습니다. 1장에서는 '아이의 자존감을 높이는 대화'로 자존감 대화의 기본이 되는 말을 소개합니다. 2장에서는 '불안은 줄이고 내면은 단단하게 해주는 대화', 3장에서는 '자기 생각을 또박또박 표현하게 해주는 대화'를 통해서 자존감을 단단하게 해줄 내면의 힘을 기르는 데 집중합니다. 그리고 이어지는 4장과 5장의 '실패에 흔들리지 않고 도전하는 아이로 키우는 대화'와 '독립적이고 사회성 높은 아이로 키우는 대화'를 통해서 내면에 쌓은 힘을 바깥으로 확장하는 방법에 대해서 소개합니다. 마지막으로 6장에서는 '아이의 숨은 가치를 발견하고 무한한 가능성을 열어주는 대화'를 통해 아이가 단단한 자존감을 무기로 삼아 삶의 곳곳에서 자신의 가치를 발휘하고 사용할 수 있게 돕는 말을 전합니다.

《66일 자존감 대화법》이 가진 또 하나의 장점이 있습니다. 아이의 자존감을 높이는 말을 전하며, 부모 자신의 자존감도 이전보다 더욱 견고해진다는 사실입니다. 아이와 부모의 자존감이 달라지면, 가정에서 느낄 수 있는 분위기가 이전과는 전혀 다를 것입니다. 그리고 좀 더 밝은 희망과 따스한 사랑으로 서로에게 힘을 줄 수 있는 관계가 될 것입니다. 어떤 바람에도 흔들리지 않는 가정을 세우고 싶다면, 이제 그 하루를 시작해보세요.

"부모의 시작이 곧 아이의 기적입니다."

차례

## 3장 — 자기 생각을 또박또박 표현하게 해주는 대화 11일

## 4장 — 실패에 흔들리지 않고 도전하는 아이로 키우는 대화 11일



## 5장 — 독립적이고 사회성 높은 아이로 키우는 대화 11일

1장

# 아이의 자존감을 높이는 대화 11일

· 1일 ·

# 아이의 평생 자존감을 결정하는 부모의 9가지 말

부모의 말은 아이를 구성하는 수많은 것들을 바꿉니다. 그중에서도 아이의 자존감은 가장 쉽고 빠르게 바뀔 수 있는 부분입니다. 특히 어린 시절 마음속에 뿌리내린 아이의 자존감은 인생에서 매우 결정적인 역할을 하죠. 관계, 공부, 인성, 태도, 사회성 등 삶을 결정하는 모든 요소에 막대한 영향을 미칩니다. 사는 내내 단단한 자존감으로 자신의 빛을 내는 사람들에게는, 어린 시절 '나를 지키는 말'을 자주 들었다는 공통점이 있습니다.

지금 이런 고민을 하고 있다면 더욱 집중해서 읽어주세요.

"우리 아이는 왜 이렇게 마음이 약하지?"

"뭐 하나도 스스로 결정하지 못하네!"

"늘 친구들에게 끌려다니고, 걱정이야."

아이의 평생 자존감을 결정하는 부모의 9가지 말을 소개합니다. 낭독과 필사로, 혹은 아이가 자주 다니는 곳에 붙여 놓고 다양하게 활용해보세요. 매일 들려주는 부모의 말이 아이의 마음을 지켜줄 거예요.

"다른 사람들의 좋은 평가도 필요해.
하지만 스스로 만족하고
기쁨을 느끼는 것도 중요하단다."

"언제나 실천이 기적이자,
최고의 마법이지!"

"화가 나면 마음껏 울고
행복하면 활짝 웃는 거야.
자기감정에 솔직한 사람이 되자."

"너는 뭐든 할 수 있는 아이야.
너무 조급하게 생각하지 말자."

"남들에게 예의 바르게 행동하는 것도 중요해.
하지만 자신을 대접하는 방법을 알아야
다른 사람도 마음을 다해 대할 수 있어."

"차분하게 생각하면
세상에 풀리지 않는 문제는 없단다."

"좋은 결과가 행복의 열쇠가 아니라,
좋은 과정이 행복의 열쇠란다.
네가 좋았다면 그게 가장 좋은 결과야."

"너만 포기하지 않으면,
다시 좋은 기회를 잡을 수 있어."

"세상에는 죽이나 빵처럼
쉽게 넘길 수 있는 음식도 있지만,
고기나 오징어처럼
꼭꼭 씹어야만 하는 음식도 있어.
네가 부족한 게 아니야,
다만 시간이 조금 더 필요할 뿐이지."

타인의 불행 위에 쌓은 행복은 행복이라고 말할 수 없습니다. 또한 누군가를 억압하거나 그들이 이룬 성과를 비난하며 자신의 자존감을 높이려는 모든 시도는 실패로 끝나게 되죠. 자존감은 '나를 지키는 힘'에서 출발합니다. 타인과는 전혀 관계가 없는 거죠. 세상이 아무리 "넌 지금 실패했어! 앞으로도 최악일 거야!"라고 말해도, 자존감이 높은 아이들은 자신에게 이렇게 말하며, 어제처럼 최선을 다해 살아갑니다.

"아주 좋아, 잘되고 있어!"

"괜찮아, 나는 내가 노력한 시간을 믿어!"

부모의 말은 아이에게 줄 수 있는 최고의 유산입니다. 누가 강제로 훔칠 수도 없고, 세월이 아무리 흘러도 사라지지 않고 남아 사랑하는 아이를 소중하게 지켜주죠. 지금 여러분이 말할 수 있고 아이가 그걸 들을 수 있다는 것은 기적입니다. 오늘도 근사한 유산을 많이 나누는, 기적처럼 아름다운 하루 되시길 바랍니다.

• 2일 •

## 서툰 배려는
## 아이의 자존감을 망칩니다

사람이 많은 놀이터에서, 아이가 유독 한 놀이기구만 집중적으로 타면 부모의 마음은 조급해집니다. 주로 그네가 대표적인 사례로 자주 등장하죠. 많이 설치되어 있지 않고, 기구 특성상 한 번에 한 사람만 이용할 수 있기 때문에 아이들이 줄을 서서 기다릴 수밖에 없습니다. 그래서 아이가 그네를 독점하고 있다는 생각이 들면, 부모의 마음은 급해지면서 결국 아이에게 이런 식의 말을 하게 됩니다.

"자, 이제 그네는 충분히 탔으니까,

다른 친구들에게 양보하자.

배려하는 멋진 아이가 되어야겠지?"

하지만 부모가 던진 이 세 줄의 말은 전부 아이에게 좋지 않은 영향을 미칩니다. 이유가 뭘까요? 언뜻 보기에 나쁜 말은 아닌 것 같은데 말이죠. 그러나 이 세 줄은 시작부터 잘못된 표현입니다. 먼저 "그네는 충분히 탔으니까"라는 말은 부모의 생각일 뿐입니다. 아이는 이렇게 말할 수 있죠.

"왜 저에게 충분하다고 강요하나요?"

'충분하다'라는 말은 주관적인 표현입니다. 아이는 충분하다고 생각하지 않을 수도 있으니까요. 아이 입장에서는 "엄마 입장이 곤란하니, 네가 충분하다고 말해주면 좋겠다"라는 명령이나 애원으로 들립니다.

'친구를 배려하는 좋은 아이'라는 틀에 가두어 양보를 제안하는 것도 아이에게는 억울한 일입니다. 기다리는 아이들에게 미안한 마음이 들어서 빠르게 상황을 해결하고 싶은 마음은 이해하지만, 이런 식의 접근은 모두에게 피해를 주는 최악의 선택이 될 가능성이 높습니다. 명령과 강요가 아닌 생각을 자극하는 방식을 선택해 주세요. 다음의 3단계 대화법을 통해 표현을 조금만 바꿔도 아이의 반응은 전혀 달라집니다.

### 1. 아이의 생각을 묻기

"어때? 이제 그네 충분히 탄 것 같아?"

이렇게 질문을 시작해야 화내지 않고 좋은 결과를 낼 수 있습니다. 물론 이 질문에 아이가 "네, 이제 충분해요. 그네는 그만 타도 될 것 같아요"라고 답하지 않고, "아직 멀었는데, 더 타고 싶어요"라고 투정을 부릴 수도 있어요. 하지만 그건 포기할 신호가 아니라, 2단계로 넘어가야 할 신호라는 사실을 기억해 주세요.

## 2. 아이 스스로 방법을 찾기

아이가 양보를 하지 않는다고, 무작정 "뒤에 친구들이 기다리고 있는데, 너도 배려를 해야지!"라는 식으로 강압적으로 나가면 오히려 상황은 나빠집니다. 더구나 현재 아이의 약한 자존감은 이런 강압적인 표현이 모여 만든 것일 가능성이 높습니다. 아이 스스로 방법을 찾을 수 있게 이렇게 질문해 주세요.

"그럼, 얼마나 더 타면 될까?"

## 3. 스스로 만족해서 떠나기

아이가 5분 정도 더 타겠다고 제안을 하면, 기다리는 친구들에게 그 소식을 전하는 게 좋습니다. 그럼 하나의 기준을 아이가 스스로 정한 것이 되기 때문에 책임감을 기르고 자존감을 강하게 만드는 데 도움이 됩니다. 그렇게 되면 5분 후에 아이 입에서 스스로 이런 말이 나오면서, 멋지게 이동하는 거죠.

"이제 그네는 그만 타고,
뒤에 친구들에게 양보해야지."

상황은 다양합니다. 그래서 이렇게 응수할 수도 있습니다. "현실을 모르시네. 우리 아이는 30분도 넘게 타면서 절대 양보하지 않아요." 그렇다면 스스로 이런 질문을 해보는 게 좋아요. "왜 이런 현실에 놓인 걸까?" 답은 간단합니다. 지금까지 아이와 반복해서 오랫동안 억압과 강요로 대화를 했기 때문에 이에 대한 반작용으로 고집을 부리듯 양보하지 않는 태도가 만들어진 거죠.

부모의 말은 아이가 살아갈 길과 같습니다. 아이에게는 삶의 이정표와도 같은 존재죠. 일상에서 늘 이런 3단계 방식으로 대화를 나눈 가정에서는, 아이가 유별나게 억지를 부리거나 주장하지 않는다는 공통점이 있습니다.

"어때? 이제 그네 충분히 탄 것 같아?"
"그럼, 얼마나 더 타면 될까?"
"이제 그네는 그만 타고,
뒤에 친구들에게 양보해야지."

이 3단계 대화 과정을 잘 활용해 주세요. 서툰 배려는 오히려 아이의 자존감을 망치고, 고집만 세우는 말 안 듣는 아이로 만듭니다. 아이 스스로 생각하고 판단해서 양보할 수 있게 해주세요. 그 근사한 아이의 모습, 당신의 말로 충분히 가능합니다.

· 3일 ·

## 체격이 작은 아이에게 들려주면 자신감이 쑥쑥 올라가는 말들

유독 키도 작고 몸집까지 왜소한 아이가 있죠. 식욕을 자극하는 데 좋다는 온갖 음식과 영양제도 먹이고 운동에 각종 치료까지 받지만 쉽게 나아지지 않아서 걱정하는 부모님이 많습니다. 자연스럽게 이런 걱정으로 연결됩니다.

"또래보다 작고 왜소하니,

혹시 놀림을 받으며 지내는 건 아닐까?"

몸에 누군가에게 맞은 것 같은 작은 상처만 보여도, 온갖 상상의 나래를 활짝 펼치며 조심스럽게 아이를 추궁합니다.

"요즘 학교에서 문제없지?"

"혹시 너 귀찮게 하는 친구 없지?"

"무슨 일 생기면 선생님이나,

엄마 아빠한테 꼭 알려주고!"

물론 이런 모든 걱정과 염려하는 마음은 충분히 이해합니다. 하지만 아이는 정작 아무런 일도 겪지 않고 있는데, 자꾸 걱정하듯 말하면 오히려 이런 반작용이 일어날 수도 있어요.

'부모님은 왜 자꾸 내가 친구들에게

따돌림을 받는다고 생각하시지?'

'키가 작고 몸집이 왜소한 게

놀림을 받는 이유가 되는 건가?'

뭘 줘도 많이 먹지 않는 아이를 보면,

"내가 어릴 땐 없어서 못 먹었는데!"

"이 귀한 한우를 줘도 안 먹는다니!"

괜히 이런 하소연을 하며 아이에게 화를 내게 됩니다. 게다가 부모도 체격이 작다면 '혹시 유전 때문에 아이가 크지 못하는 걸까?'라는 생각에 자책하는 마음까지 들게 되죠.

그 마음 알아요. 정기적으로 아이들 연령에 맞는 평균 키와 몸무게를 인터넷에서 검색하는 부모의 마음은 얼마나 간절할까요. '제발 평균이라도 되면 얼마나 좋을까!'라는 생각에 잠도 오지 않죠.

다른 아이들에 비해서 목소리도 작고 수업 시간에 발표도 하지 않는다면, 그 모든 것이 '작고 왜소하기 때문'이라는 근거 없는 추측도 하게 됩니다. 길을 걷다가 우연히 친구들이 아이를 툭툭 치는 모습만 봐도 당장에 달려가서 "지금 무슨 짓이니!"라는 말부터 하죠. 자세한 이야기는 듣지도 않고 오해부터 시작하게 되는 겁니다. 아이는 아이대로 부모는 부모대로 서로에 대한 짜증과 불신이 극에 달합니다.

아직 생기지도 않은 일로 자꾸 걱정하며 아이의 마음을 불안하고 위태롭게 만드는 것보다는, 현재 있는 모습 그대로 인정하고 굳게 믿어주는 것이 아이에게 자신감을 선물하는 일입니다. 물론 쉽진 않아요. 다들 예쁜 디자인을 보며 아이 옷이나 가방을 고르는데, 이 가방이 우리 아이에게 너무 크지는 않은지 소매가 길지는 않은지 생각하며 사이즈 위주로 물건을 사야 할 때, 그렇게 산 옷과 가방도 몸에 비해 크고 헐렁할 때, 뒤에서 바라보는 부모의 마음은 더 아프고 괜히 미안합니다.

아, 모든 게 내 잘못인 것만 같아요. 그러나 가장 중요한 건 외적인 크기가 아니라 내면의 크기입니다. 키도 크고 몸집도 좋지만 내면은 매우 나약한 아이가 있고, 반대로 키가 좀 작고 왜소하지만 내면은 다른 아이들보다 크고 강인한 아이가 있죠. 다양한 방법으로 아이의 키와 체격을 발달시키는 시도를 함과 동시에 단단한 내면을 가질 수 있도록 해주세요. 외적인 부분은 시간이 흐르면 어느 정도 해결이 되지만, 아이의 내면을 결정하는 온갖 발달 상황은 시간이 저절로 해결해 주는 문제가 아니기 때문입니다.

꼭 기억해 주세요. 아이는 부모가 준 믿음의 크기만큼 단단한 내면의 소유자로 살아가게 됩니다.

"아이는 약한 게 아니라,
그저 몸이 작은 것입니다."

**· 4일 ·**

# "나는 할 줄 아는 게 없어요"라고 말하는 아이에게 필요한 질문

우리는 전통적으로 겸손을 매우 아름다운 덕목이라고 생각해 자신을 낮추며 사는 삶에 익숙합니다. 물론 좋은 의미를 가진 일입니다. 하지만 모든 일에는 순서가 있죠.

자신의 모든 걸 자랑해도 평균 이하의 능력을 가진 사람이 '저는 부족합니다'라고 말하며, 조금이나마 할 줄 아는 부분을 언급하지 않는 것은 스스로 인생을 망치는 일입니다. 모든 분야의 대가들은 자기 재능과 가치, 미래 계획을 정확히 표현하며 살았어요. 혹자들은 그들에게 겸손하지 않은 게 아니냐 질문했죠. 하지만 대가들의 대답은 이렇습니다.

"저는 겸손할 만큼 대단하지 않습니다."

겸손의 의미를 제대로 아는 것이 중요합니다. 적절한 겸손은 미덕이자 초심을 지키는 힘이지만, 서툰 겸손은 자만이자 인생을 망치는 독입니다. 더구나 아이들은 모든 면에서 부족할 수밖에 없어요. 아직 다양한 경험을 하지 못했기 때문입니다.

지나친 겸손은 자신을 '무능하고 아무것도 할 수 없는 사람'이라고 생각하게 만들죠. 적절한 말을 통해 아이가 '나는 할 수 없다'라는 생각에 매몰되지 않도록 해야 합니다. 다음과 같은 말을 아이에게 자주 들려주시면 됩니다.

"다른 사람은 절대 모르는,
너만의 장점이 뭐라고 생각하니?"

"어떤 일을 할 때 가장 행복하니?
생각만으로도 널 기쁘게 해주는 게 뭐야?"

"엄마는 다른 사람들에 비해서
무엇을 더 잘한다고 생각하니?"

"요즘 네가 아끼는 물건 있잖아.
그 물건을 아끼는 이유가 뭐야?"

자신에 대해서, 가장 가까이에 있는 부모에 대해서, 가장 아끼는 물건에 대해서 생각해보며 작은 것이라도 그것의 장점을 생각하는 시간을 갖도록 하는 게 좋아요. 그래야 할 수 있는 것에 집중하며 자신감을 가질 수 있으니까요.

겸손 그 이후의 방향성도 중요합니다. 아이가 '나는 어리니까 할 줄 아는 게 없지'라고 생각하지 못하게 하려면 부모는 어떻게 해야 할까요? '나는 지금 무엇을 할 수 있는가?'에 대한 질문을 아이가 멈추지 않도록 이끌어야 합니다. 어렵지 않아요.

"저는 종이 자르기를 잘해요."

"장난감 없이 혼자서도 잘 놀아요."

"신발 정리는 제가 최고예요."

어른들이 볼 때는 대단한 능력이 아니라고 생각할 수도 있지만, 지금 아이에게 필요한 것은 바로 이렇게 작은 것 하나라도 장점으로 바라보는 시각입니다.

지나친 겸손은 오히려 최악의 자만입니다. 함부로 겸손하지 말아야 합니다. 지나친 겸손은 나약한 자존감을 만들고, '우리'라는 틀에 갇혀 영영 '나'라는 존재를 모르고 살게 만듭니다.

· 5일 ·

# 늘 머뭇거리고 눈치 보는 아이에게 들려주면 좋은 말들

무슨 질문을 해도 머뭇거리며 피하는 아이
주변 친구들 눈치만 엄청나게 보는 아이
자신감이라고는 조금도 찾아볼 수 없는 아이

사랑하는 아이가 학교나 일상에서 이렇게 무기력하게 지내는 모습을 보면, 안타까운 마음에 아이도 힘들다는 걸 알면서도 분통이 터져서 또 상처가 되는 말을 합니다.

"넌 대체 누굴 닮아서 그 모양이냐!"

"네가 뭐가 부족하다고 눈치만 보고 다녀!"

"도대체 내가 너한테 못 해준 게 뭐니!"

그러나 여러분이 이미 잘 알고 있는 것처럼 이런 질책은 아이를 더 망칠 뿐입니다. 아이의 모든 행동에는 분명한 이유가 있고, 이유의 대부분은 자주 접하는 언어에서 시작합니다. 아이가 자꾸 주변 눈치를 보며 자신감이 없는 모습을 보여주는 이유는, 그런 식의 언어를 주변에서 자주 들었기 때문이죠.

그래서 늘 머뭇거리고 쉽게 눈치 보는 아이에게는 먼저 자신감을 주는 말들이 필요하죠. 아이 스스로 자신이 부족하다고 생각하는 습관을 완전히 바꿀 수 있는 언어를 자주 들려주세요. 아래 소개하는 말들을 일상에서 아이와 함께 대화로, 혹은 필사나 낭독으로 적절히 나누어보세요.

**"좋은 일은 항상 있으니까,**
**오늘도 어떤 좋은 일이 생길지 기대해 보자."**

**"네가 머뭇거리는 이유는 한번 더 생각하기 때문이지.**
**좋은 생각과 해결책은 결국 거기에서 나온단다."**

**"넌 참 괜찮은 사람이야.**
**언제나 주변 사람들을 배려하니까."**

"자기만의 색을 찾는 사람에게는
반드시 혼자 있는 시간이 필요한 법이지."

"너의 말과 행동은 언제나 참 섬세해서,
보고 듣는 사람들의 마음을 따뜻하게 해줘."

"누구든 자기 생각을 믿으면,
그때부터 눈빛이 멋지게 달라진단다."

머뭇거리고, 주변을 의식하며, 자신감이 없는 것이 세상이 말하듯 그저 나쁜 것만은 아닙니다. 좋은 방향으로 바라본 관점에서 나온 말을 활용하면, 반대로 아이에게 자신감과 희망을 줄 수 있고 아이도 자신의 삶에서 좋은 부분을 볼 수 있어요.

늘 기억해 주세요.

"아이를 사랑하는 부모의 말에는
무한한 가치가 있습니다."

· 6일 ·

# "넌 왜 그렇게 예민하니!"라는 말 대신 해주면 좋은 말

'예민하다'라는 표현은 일상에서 자주 사용하는 말입니다. 그런데 듣는 사람은 조금 기분이 나쁘죠. "뭐라고? 내가 예민하다고?" 이런 생각이 들면서 상대에 대한 반감이 생깁니다. 게다가 아이들에게는 더욱 부정적인 영향을 미칩니다. 기분 나쁜 말은 결국 아이 내면에 나쁜 영향을 주기 때문입니다.

하지만 '예민하다'라는 표현을 이렇게 바꾸면 모든 것이 기적처럼 달라집니다. 그 주인공은 바로 '섬세하다'라는 표현이죠. 생각해 보면 예민하다는 말과 섬세하다는 말은 아주 사소한 관점의 차이에서 나온 표현입니다. 똑같은 상황이라도 긍정적인 관점에서 보면 '섬세하다'라는 표현을 선택하게 되지요. 일상에서 자주 사용하는 말을 이렇게 바꿔서 아이에게 들려주면 자존감이 올라가고 마음의 힘은 더욱 커집니다.

"넌 왜 과자 하나에 이렇게 예민하니.
모양이 조금 망가졌다고 바꿔 달라니!"
→ "섬세하게도 그 작은 부분까지 살폈구나.
그래도 맛에 차이는 없으니,
아빠랑 같이 맛있게 먹는 게 어떨까?"

"별일도 아닌데 그렇게 떼를 쓰니!
그러면 혼난다고 했어, 안 했어?"
→ "너에게는 그게 힘든 일로 느껴졌구나.
네가 느낀 그 힘든 마음을
엄마에게 설명해 줄 수 있겠니?"

"그 작은 소리에 이렇게 깜짝 놀란 거야?
아이고, 내가 진짜 너 때문에 못살아.
그걸로 또 울면 어쩌라는 거니."
→ "작은 소리 하나도 소중하게 듣는구나.
하나하나 귀에 담는 네 마음은 예쁘지만,

**엄마가 이렇게 옆에 있으니까 울지 말자."**

"모르는 사람이 많다고 가지 않겠다니,

엄마가 같이 가는데 뭐가 걱정이야!

그렇게 예민하면 앞으로 세상을 어떻게 살겠어!"

**→ "처음부터 아는 사람은 세상에 없지.**

**게다가 넌 한번 친해지면 오래가잖아.**

**엄마랑 같이 가면 좋은 일이 많이 생길 거야."**

작은 소리에도 금방 깨고, 조금만 환경이 달라져도 다르게 반응하는 아이를 키우는 건 사실 어려운 일입니다. 하지만 그런 아이일수록 오히려 칭찬과 격려가 필요하죠. 특별하게 바라보면 그런 모든 부분이 재능으로 바뀌니까요. 물론 억지로 하는 건 별 소용이 없습니다. '예민하다'라는 관점을 버리고, 그걸 '섬세하다'라는 관점으로 채워야 하는 이유가 바로 거기에 있습니다. 관점을 바꾸면 자연스럽게 생각이 달라져서, 나오는 말도 부드럽게 바뀌기 때문이죠. 게다가 미각, 청각, 시각, 후각 등 모든 감각이 예민하다는 것은 사실 '섬세하다'의 관점으로 보면 발달이 매우 잘 되었다는 증거입니다. 세상을 느끼는 감각이 다른 아이들보다 몇 배 이상 고도로 발달한 상태인 거죠.

이해합니다. 실제로는 위에 소개한 '섬세하다'라는 관점에서 하는 말들이 입에서 잘 나오지 않을 가능성이 높습니다. 익숙한 언어가 아니기 때문입니다. 하지만 아이와 부모를 위한 일이라고 생각하면 마음도 달라질 겁니다. 고달픈 현실이 단번에 바뀌진 않겠지만, 관점을 바꾸면 아이만 좋아지는 게 아니라 부모 자신에게도 긍정적인 효과가 있습니다.

지금 당장 아이와 나누는 일상에서 자존감을 끌어올려주는 대화를 실천해 보시길 바랍니다. 좋은 것을 굳이 뒤로 미룰 필요는 없으니까요.

"시각을 바꾸면 입에서 나오는 말이 바뀌고,
말이 바뀌면 살아가는 무대도 바뀝니다."

· 7일 ·

# 아이에게 자기 확신과 행복을 가져다주는 10가지 긍정어

부모의 말이 아이의 자존감과 행복을 결정한다는 사실은 굳이 설명하지 않아도 이미 경험으로 알고 계실 겁니다. 문제는 그런 말이 좋다는 것은 알지만, 자신도 부모에게 들어본 적이 많지 않아서 아이에게 들려주지 못한다는 것이죠. 그래서 아이가 자기 존재와 능력에 대한 확신을 가지면서, 동시에 평안함과 행복까지 느끼게 만들 수 있는 10가지 긍정어를 소개합니다. 모두 낭독과 필사로 내면에 담고 일상 곳곳에서 활용해 주세요.

1. 네 안에는 가능성이 아주 많아.

누가 뭐라고 해도 뭐든 시도한다면,

'가능성'이라는 친구가 너를 도울 거야.

2. '감사합니다'라는 말을 자주 하면,
오히려 너에게 감사할 일이 많이 생기지.
'감사합니다'라는 말은
좋은 소식을 가져다주는 행운의 언어야.

3. 분노도 사랑도 말을 하지 않으면
상대방이 알기 힘들어.
오늘도 우리 서로의 감정을
솔직하게 말해주는 하루가 되자.

4. 남자와 여자를 기준으로 삼아서
"남자가 왜 그래!"
"여자가 그러면 되겠니!"
이런 말은 옳지 않아.
너는 너의 인생을 살면 된단다.

5. "어른 말에 토 달지마!"
이런 식의 말은 우리에게 존재하지 않아.

너는 뭐든 생각할 수 있고,

뭐든 말할 수 있어.

단, 언제나 품위가 있어야겠지.

6. "네 덕분에 엄마는 정말 행복해."

우리 서로 말할 때 '덕분에'를

습관처럼 자주 사용하자.

'때문에'라는 표현은 부정적이지만,

'덕분에'라는 표현은 행복을 주니까.

7. '실망'이라는 단어를 빼고,

'기대'라는 단어를 쓰면 이런 기적이 일어나지.

"너한테 실망했어!"라는 말이 순식간에,

"너한테 조금 더 기대할게"라는 말로 바뀌니까.

사용하는 단어만 바꿔도 이렇게 행복을 전할 수 있어.

8. "내가 너 키우느라 포기한 게 얼마나 많은데!"

'포기했다'라는 말도 이렇게 바꾸는 게 좋아.

"널 키운 덕분에 새로운 세상을 알게 되었어."

잃은 게 아니라 얻은 것에 집중하면 행복해지지.

9. "이게 지금 울 일이야!"

이렇게 말한다는 건

서로를 이해하지 못하고 있다는 증거지.

우리 쉽게 판단하지 말고 이해하려고 노력하자.

이해는 관심이라는 정원에서만 피는 꽃이야.

10. "너 바보야?"

"다른 애들은 몇 점 받았어?"

모두 타인과의 비교에서 나온 말이지.

마음을 아프게 하는 타인과의 비교보다는,

자기 안에서 이루어지는 변화에 집중하자.

"너 때문에 창피하다!"

"너 마음대로 해!

나는 이제 신경 안 쓸 거야!"

"이번에도 못하면,

엄마 이젠 너 싫어할 거야."

이런 식의 말은 아이의 마음을 아프게 할 뿐만 아니라, 아이가 자기 가치와 능력을 부정하게 만들고 가정의 행복까지 사라지게 하죠. "세상에 어떤 부모가 아이에게 그런 말을 하나요?"라고 말할 수도 있어요. 하지만 말은 정말 순식간에 나오는 것이라 스스로 인식하지 못하는 경우가 많답니다.

긍정어가 좋다는 사실은 누구나 알고 있지만, 일상에서 사용하는 게 쉽지는 않아요. 가장 큰 이유는 부모 자신도 어릴 때 들어본 적이 없는 표현과 언어라서, 그 말이 내면에 없기 때문입니다. 지금이라도 하나하나 긍정어를 내면에 쌓아 주세요. 그럼, 여러분의 사랑스러운 아이가 가장 아름답게 그 언어를 흡수해 성장의 도구로 근사하게 사용할 겁니다.

"늘 나 자신에게 들려준다고 생각하면,
후회가 없습니다."

**· 8일 ·**

# "안 돼!"라는 말을 주의해서 써야 하는 이유

"안 돼!"라는 말은 부정적이라 아이에게 쓰지 말아야 한다는 이야기는 아마 자주 들어보셨을 겁니다. 하지만 제가 이 표현을 주의해서 써야 한다고 말하는 이유는 다른 데 있어요. 바로 이 표현은 부모의 편의에 최적화된 말이기 때문입니다. 이유가 뭘까요? 한번 생각해보세요. 보통 아이들이 하면 안 되는 일을 하려고 할 때, 주로 "안 돼!"라고 말하게 되죠. 그런데 보통은 거기에서 말이 끝납니다. 하지 말라고만 하지, 왜 하지 말아야 하는지 그 이유에 대해서는 말해주지 않죠.

바로 그게 "안 돼!"라는 말이 아이에게 안 좋은 영향을 미치는 핵심 이유입니다. 아이 입장에서는 이해가 되지 않고, 부모가 자신이 가진 권위로 명령을 내린다는 기분만 들어서 좋지 않죠. "안 돼!"라고만 말하지 말고, 왜 안 되는지 이유까지 알려주세요. 이유를 제대로 알려주지 않고 그냥 안 된다고만 말하면 아이의 귀에는 그 말이 이렇게 들릴 뿐입니다.

"이유는 없어. 그냥 무조건 그건 안 되는 거야!"

"엄마가 말하면, '네' 하면 되는 거야!"

"네 생각은 궁금하지 않아. 하라면 해!"

그럼 결국 아이는 순간적으로 반발하게 되거나, 표출하지 못한 분노를 내면에 가득 쌓게 되겠죠. 그렇게 쌓인 분노는 아이의 인성과 내면에 나쁜 영향을 미치게 되고, 나중에는 돌이킬 수 없는 상황에 놓입니다.

"저는 언제나 안 되는 이유를 제대로 설명해줍니다." 이렇게 응수하는 분도 있을 겁니다. 그러나 현실과 이상은 매우 다를 수 있습니다. 이런 식의 설명은 설명이 아니라는 사실을 기억해 주세요.

"엄마가 그냥 시키는 대로 해!"

"남들이 어떻게 생각하겠니!"

"다들 그렇게 하고 있으니 너도 그렇게 해!"

이유에 대한 설명은 반드시 아이가 이해할 수 있는 언어와 표현으로 해야 합니다. 또한, 일방적으로 말하고 끝나는 것이 아니라, 아이 입장에서도 충분히 수긍이 가야 비로소 이해라는 과정이 완료가 되었다고 볼 수 있죠. 일상에서 자주 나오는 대표적인 3가지 사례를 소개합니다. 이런 식으로 접근하시면 됩니다.

"라면은 절대 안 돼!
엄마가 그냥 시키는 대로 해!"
→ "라면은 너무 자주 먹으면 건강에 안 좋지.
지난주에도 한 번 먹었으니,
다음 주 정도에 먹는 게 어떨까?"

"안 돼, 옷을 깨끗하게 입지 않으면
남들이 어떻게 생각하겠니!"
→ "옷을 갈아입지 않고 더러운 상태로 있으면,
네 기분도 바라보는 사람들 기분도
모두 좋지 않을 것 같아.
하지만 옷을 갈아입으면 모두에게
좋은 기분을 선물할 수 있지."

"안 돼! 이번에는 학원 옮기는 게 좋겠어.
다들 그렇게 하고 있으니 너도 그렇게 해!"
→ "지금 다니는 학원에 만족하니?

**수준에 맞게 다른 학원을 알아보는 것도**
**좋을 것 같은데, 네 생각이 가장 중요하니**
**좀 더 생각해보고 이야기해 주면 좋겠어."**

부모의 온갖 "안 돼!"라는 말에 아이가 마치 죽을 것처럼 떼를 쓰는 이유는 뭘까요? 지금까지 설명한 것처럼 안 되는 이유에 대해서 충분히 설명하지 못했기 때문입니다. 부모가 차분하게 설명만 해주면 대부분의 아이는 그 말을 듣고 자신의 태도를 예쁘게 바꾸죠. 위에 소개한 말을 낭독하고 필사하면서 느끼셨겠지만, 안 된다고만 하는 게 아니라 안 되는 이유에 대해서 설명하며, 할 수 있는 것에 대한 여지를 남겨야 합니다. 위험해서 안 되는 이유만 알려주지 말고, 조심하면 할 수 있는 것에 대해서도 알려줘야 하죠. 그래야 아이가 희망을 가질 수 있고, 고집을 스스로 꺾고 긍정적인 지점을 바라볼 수 있습니다.

· 9일 ·

# 아이의 자존감을 망치는 의외의 5가지 말

아이를 키우다 보면 습관적으로 반복하는 말이 생기죠. 문제는 스스로 자각하지 못하고 있다는 사실입니다. 여러분이 만약 아이의 입장이 되어, 여러분이 아이에게 했던 말을 듣는다면 기분이 어떨까요?

"너 양치질 하라고 몇 번 말했어!"

"집에 돌아오면 바로 세수부터 하라고!"

"숙제 다 했으면 가서 책이나 읽어."

위에 소개한 말을 읽으며 아마 이런 생각을 하는 분이 있을 겁니다. "정말 아이에게 저렇게 말하는 사람이 있다고?", "에이, 어떤 부모가 그렇게 말하겠어?" 바로 여기에 가장 큰 문제가 있습니다. 우리는 자신도 모르게 하는 말로 아이의 자존감을 망치고 있죠. 정말 중요한 부분이라 다시 강조합니다. 말은 우리가 의식하지 못하는 순간에 나와서, 그걸 듣는 상대방에게 최악의 기분을 안겨줍니다. 부모가 의식하지 못해서 아이에게는 더욱 고통으로 다가오죠. 우리가 미처 생각하지 못한, 아이의 자존감을 망치는 5가지 말을 소개합니다.

**1. "이번에는 당신이 애랑 좀 놀아줘."**

→ "이번에는 당신이 아이랑
즐거운 시간 보내는 게 어때?"

'놀아줘'라는 표현은 책임이나 의무를 다른 사람에게 넘기는 말이죠. 듣는 아이 입장에서는 '나는 놀아줘야 하는, 지루하고 재미가 없는 사람인가?'라는 나쁜 기분이 들 수 있습니다.

**2. "애 우니까, 가서 안아줘!"**

→ "엄마가 한번 안아도 될까?"
"아이가 뭘 힘들어하는지 확인해 줄래?"

'~줘'라는 표현이 들어가면 듣는 사람은 기분이 나쁘죠. 관심과 사랑을 억지로 구걸 받는 기분이 들기 때문입니다. '안아줘'라는 표현을 다른 말로 섬세하게 바꿀 필요가 있습니다. 일상에서 자주 사용하는 표현이기 때문에 최대한 따스한 표현으로 바꿔서 말버릇처럼 사용하는 게 좋습니다.

**3. "엄마(아빠)가 놀아줄게."**

→ "엄마랑 같이 재미있게 놀자."
"우리 이번에는 뭘 하면서 놀까?"
"같이 노니까 더 즐거운 것 같네."

누군가 '놀아줄게'라는 말을 하면 기분이 나쁘죠. 아이라고 어른과 다르지 않습니다. 기분을 좋게 해주는 다양한 표현으로 바꿔서 이야기를 나누는 게 좋습니다.

**4. "애가 뭘 만들었는지, 가서 좀 봐줘."**

→ "우리 ○○이가 이번에는
또 어떤 근사한 걸 만들었는지,
가서 함께 감상해 볼래?"

'봐줘'라는 말도 아이가 이룬 결과와 가치를 매우 낮추는 표현입니다. 아이는 이런 생각이 들죠. '내 작품은 볼 가치가 없는 건가?', '괜히 만든 걸까?' 아이가 스스로 이룬 결과를 자랑스럽게 여길 수 있도록 말해주세요.

**5. "영어 학원에서 꺼내서 수학 학원에 넣어줘."**

→ "영어 학원 끝나면 수학 학원으로 가면 돼."

'꺼내서', '넣어줘'라는 말을 굉장히 많이 사용하고 있습니다. 이런 식의 표현을 자주 듣게 되면 아이 입장에서는 자신이 짐처럼 느껴지며, 동시에 부모가 자신을 공부하는 기계로 여기고 있다는 생각을 하게 됩니다. 아이의 자존감을 망치고 싶지 않다면, 아이의 존재 가치가 분명히 느껴질 수 있는 말을 자주 사용해 주세요.

어떤가요? 이렇게 우리가 의식하지 못한 사이에 아이의 자존감을 망치는 말이 우리 입에서 나오고 있습니다. 의식해서 고치려고 하지 않으면 쉽게 제어하기 힘든 게 사실이죠. 그래서 더욱 지금부터 조심하며 위에 제가 바꿔서 소개한 말을 일상에서 자주 들려주는 게 중요합니다. 언제나 시작은 지금부터라는 사실을 기억해 주세요.

"부모가 지금 바뀌면,
아이는 내일부터 달라지기 시작합니다."

• 10일 •

# 소심하고 겁 많은 아이를 변화시키는 말

아이의 목소리가 작거나 구부정하게 걷는 모습을 보면 부모는 애가 탑니다. 왜 허리를 곧게 펴고, 당당한 모습으로 걷지 못할까? 왜 모두가 알아들을 수 있게 큰 소리로 말하지 못할까? 결국에는 이렇게 소리를 치게 됩니다.

"이 녀석아! 허리 쭉 펴고 당당하게 앞을 보면서,
큰 소리로 말하라고 했지!"

그런데 이렇게 얘기했을 때 아이가 조금이라도 달라졌나요? 아닙니다. 오히려 소심해졌을 가능성이 높습니다. 왜일까요? 이 말은 아이의 행동을 긍정적으로 '바꾸는' 것이 아니라, 현재 아이의 행동이 나쁜 것이라고 '지적하는' 것에 불과하기 때문입니다. 아이도 자신이 그렇다는 것을 잘 알고 있는데 부모님이 자꾸만 지적하니 이런 감정이 들죠.

'부모님한테까지 이런 말을 듣고 있으니, 누가 이런 나와 친하게 지내려고 하겠어. 아무도 내 말을 들으려고 하지 않겠지.'

아이들은 자신이 제대로 무언가를 하지 못하고 있을 때, 불안이나 두려움, 열등감을 느끼게 됩니다. 그럴 때 이런 식의 분노와 비난의 말을 한다면 최악의 결과를 맞이하게 되죠.

"너는 왜 이렇게 자신감이 없니!"

"남들처럼 소리를 크게 내라고!"

"대체 누굴 닮아서 그 모양이야!"

"이런 상태로 학교에 다닐 수 있을까?"

"뭐든 제대로 해낼 수 있을까?"

어릴 때부터 유독 기를 펴지 못하고 내면도 약한 아이라서 부모 마음은 걱정으로 가득합니다. 학교에 입학하면 친구들과 함께 지내고 어울리며 공부도 해야 할 텐데, 시작도 하지 못하고 끝날 것만 같아서 안타까운 마음으로 하루를 보내죠.

저의 부모님과 할머니가 어린 저에게 들려주신 말이 있습니다.

**"우리 종원이는 걱정하지 않아.**
**늘 알아서 척척 해내니까."**

저는 지금까지도 이 말을 기억하고 있습니다. 제가 항상 당당하게 저의 이야기를 전할 수 있는 까닭이죠. 다국적 기업의 임원들과 수천 명의 참석자들이 모인 강연장에서, 그 많은 카메라 앞에서도 전혀 떨지 않고 강연을 할 수 있는 이유. 바로 어렸을 때 자주 들었던 말의 힘입니다. 저는 수많은 가정에서 이 말이 이끈 변화를 이미 확인했습니다. 그러니 지금 한번 아이에게 적용해 보세요.

"우리 아이는 척척 해내지 못하는데요!"

이렇게 다른 의견을 제시하는 부모님도 있을 겁니다. 맞아요, 모든 아이가 자신의 일을 척척 해내는 것은 아닙니다. 하지만 당시 실제로 제가 정말 모든 일을 잘해서 할머니가 그런 말을 들려주신 것은 아닐 겁니다. 좋은 부분을 발견해서 가치를 부여했기 때문에 가능했던 거죠. 아이가 한 말과 행동에서 소중한 가치를 발견해야겠다고 생각한다면, 보다 좋은 말을 전해줄 수 있어요. 그래야 아이가 부모의 말을 들으며 자신의 말과 행동에 가치가 있다고 생각하기 때문이죠. '지적의 말'이 아닌 '변화의 말'을 아이에게 선물한다는 생각으로 이런 말을 자주 들려주면 좋습니다.

"알아서 척척 해내니까,
우리 ○○이는 걱정이 없어요."

"와, 무슨 일이 있었던 거야.
지난번보다 훨씬 나아졌는걸!"

"이번에도 참 잘했어요!
다음이 더욱 기대된다."

"얼마든지 틀려도 괜찮아.
혼자서 일단 해봤다는 게 중요해!"

"제가 이렇게 말하면 아이가 부담을 느껴서 더 위축되지 않을까요?"라며 걱정하는 부모님도 계실 겁니다. 여러분의 아이는 여러분의 생각보다 더 강하다는 사실을 알고 계셨으면 좋겠습니다. 다만 그 강한 의지와 마음을 부모의 지나친 걱정 때문에 발산하지 못했을 뿐입니다. 아이가 실패해도 괜찮습니다. 다시 도전하면 되니까요. 하지만 걱정 때문에 실패할 기회까지 갖지 못하게 된다면, 아이에게는 그게 가장 큰 실패일 겁니다.

아이가 자신의 말과 행동에 가치가 있다고 생각할 수 있게 이끌어 주세요. 그러면 어디에서도 자신 있게 말할 수 있게 됩니다. 행동에도 자연스럽게 힘이 실리고 굽었던 등도 활짝 펴지죠. 아이 등을 억지로 펴지 마시고, 아이의 말과 행동에서 가치를 찾아서 들려주세요.

여러분의 아이는 모두 스스로 오늘보다 나아질 수 있습니다.

그러니 기억해 주세요.

"부모의 크기가,

곧 아이의 크기입니다."

• 11일 •

# 아이는 부모의 자존감을 그대로 물려받습니다

한국의 현대문학을 대표하는 거장 중 한 명을 소개합니다. 그녀는 전쟁이라는 어려운 환경에서도 부모의 지극한 정성과 교육으로 1950년 6월 서울대학교 국어국문학과에 입학했어요. 놀라운 것은 다섯 아이를 키우던 전업주부 시절, 아이를 자기 손으로 모두 멋지게 키우며 마흔의 나이에 등단하여 평생을 한국 문학의 거목으로 살았다는 사실이죠.

스스로 주도하는 멋진 삶을 살았던 그 주인공의 이름은 바로 '한국 문학의 어머니'로 불리는 박완서 작가입니다. 그녀의 정신을 위대하게 만든 힘은 바로 부모님에게 들었던 한마디에 있습니다.

박완서 작가는 어린 시절, 다른 아이들보다 자주 넘어졌습니다. 간혹 상처 사이로 뼈가 보일 정도로 심하게 다치곤 했는데 그럴 때면 아픔을 참지 못해 집안이 흔들릴 정도로 크게 울곤 했죠. 한번은 그런 그녀를 보고 어머니가 약을 발라주며 이렇게 말했습니다.

"애야, 길을 걸을 때는

명심해야 할 게 하나 있단다.

그건 바로, 걸을 때는

'걷는 생각'만 하는 거야."

어머니는 그 이후로 그녀가 넘어질 때마다 같은 말을 되풀이했고, 박완서 작가는 나이가 들어서야 비로소 그 말의 의미를 깨달았다고 합니다. 바로 이런 깨달음이었죠.

"아이를 돌볼 땐 아이를 돌보고,

글을 쓸 땐 집필에 몰두하자.

아이 때문에 못한다고 불평하지 말고,

아이 덕분에 할 수 있다고 생각하자."

그렇게 시간이 없다고 불평하는 대신 다섯 아이가 잠든 늦은 밤 집필에 몰입했습니다. 힘들지만 잠을 조금 줄이고, 아낀 시간을 꿈에 투자했죠. 늘 바쁘게 움직이지만 원하는 결과는 내지 못하고 불안해하는 우리에게 그녀의 삶은 이렇게 조언합니다.

"쉴 때는 쉬기만 하고

일할 때는 일만 생각하라.

쉬면서 일 생각을 하고

일하면서 쉴 궁리를 하면

당신은 결국 아무것도

제대로 못 해낼 테니까."

당시에는 먹고사는 것도 어렵고, 더구나 딸에게는 교육의 기회가 거의 주어지지 않았던 시대였어요. 하지만 단단한 자존감의 소유자였던 그녀의 어머니는 생각이 전혀 달랐죠. 여자였고 가난한 시절이었고 상황은 어려웠지만, 이렇게 생각하며 아이를 키웠습니다.

"사람은 누구나 자기만의 삶을 살아야 하고,

그러기 위해서는 좀 더 배워야 한다."

이렇게 부모의 자존감은 그대로 아이에게로 이어집니다. 부모에게 물려받은 단단한 자존감 덕분에 박완서는 아이를 키우며 조금의 흔들림도 없이 '작가'라는 자신의 업에 충실할 수 있었습니다. 나이 예순에도, 칠순에도, 여든이 지나서도 영원한 '현역'이었죠.

한 걸음의 가치를 알아야,

그 끝에 도달할 수 있습니다.

그녀는 우리에게

이런 따스한 조언을 선물합니다.

"나무와 나무 사이에는 간격이 있어요.
사람들은 모두 홀로 선 나무라서 각자 외롭죠.
서로 자신들의 겨울을 견디고 있을 뿐입니다.
나무와 나무의 간격은 줄어들지 않아요.
하지만 곁에 서 있는 나무는 위로가 되어주죠.
부모와 아이의 간격도 그렇습니다.
평생 결코 줄어들지 않는 간격이지만,
서로가 서로에게 무한한 위로가 되어줍니다.
깊이 사랑하기 때문이죠."

2장

# 불안은 줄이고 내면은 단단하게 해주는 대화 11일

· 1일 ·

# 매일 아이에게 들려주면 정서가 안정되는 말

아이의 정서는 생각보다 매우 중요합니다. 아이의 성장과 자존감 형성에 결정적인 역할을 하기 때문이죠. 마음이 불안하고 스스로 감정을 제어하지 못하는 아이는 일상에서 마주하는 모든 순간 문제 행동이 나타납니다. 주로 이런 특징이 있습니다.

① 자신감이 없어서 늘 뒤에 숨는다.

② 스스로 문제를 해결하지 못한다.

③ 자신의 생각을 스스로도 믿지 못한다.

④ 이끌기보다는 이끌려 다닌다.

이런 문제가 발견될 때마다 적절한 말과 행동으로 바꾸려고 하지만, 그게 쉽게 되지 않는 이유가 뭘까요? 순서가 바뀌었기 때문입니다. 가장 먼저 바뀔 사람은 아이가 아닌 부모 자신입니다. 정서는 자신에 대한 믿음에서 나오며, 그 믿음은 주로 행복한 사람들에게서 자주 발견되죠. 그래서 아이의 정서를 안정시키기 위해 가장 먼저 필요한 건 '부모 자신의 행복'입니다. 부모가 먼저 행복해야 아이의 마음도 자연스럽게 건강해집니다.

"나는 힘들지만, 너는 행복해져야 한다"라는 말은 세상에 존재하지 않습니다. 스스로 불행한 사람은 누군가에게 행복을 전할 수 없기 때문입니다. 그런 말을 하는 부모의 모습을 보며 아이는 이렇게 생각하게 되죠.

"왜 나한테만 웃으라는 거야.

엄마는 맨날 울상을 짓고 있으면서!"

자, 이제 매일 아이에게 들려주면 정서가 안정되는 말을 소개합니다. 아이에게 이 말을 들려주면서 부모 자신도 마음에 담고 사색하는 시간을 갖는 게 좋습니다. 그래야 부모의 입과 행동에서 나온 말들을 사랑스러운 아이가 보고 듣고 배울 수 있을 테니까요.

"내일 일을 미리 걱정하지 말자.

우리는 오늘을 살고 있잖아."

"너에게 못되게 말하며 괴롭히는 사람들에게
괜히 아까운 시간을 소비할 필요는 없어.
그건 너의 잘못이 아니라,
그 사람들의 못된 마음을 증명할 뿐이니까."

"자기만의 이유가 있는 사람은
남의 말에 쉽게 흔들리지 않지."

"자신의 실수와 잘못을 늘 떳떳하게
인정하는 사람이 용기 있는 사람이란다."

"화난 사람은 화난 눈으로 세상을 보게 되지.
그럼 온통 세상이 어둡게 보일 거야.
늘 평온한 상태를 유지하면
늘 좋은 것들만 눈에 보이지."

"좋은 마음은 촛농처럼 흘러내리는 거라서
공부하듯 가르친다고 가질 수 있는 게 아니야.
사랑하는 마음이 넘치면 누구나 가질 수 있어."

세상에는 '승리해야만 멋진 사람이다'라고 생각하는 사람도 있고, '나는 멋진 사람이니까 최선을 다하면 그걸로 충분해'라고 생각하는 사람도 있습니다. 비슷하지만 전혀 다른 말이며, 이 두 사람은 전혀 다른 인생을 살게 되지요. 전자는 사는 내내 세상의 가치에 끌려가지만, 후자는 자신의 요구를 세상에 당당하게 외치며 농밀한 성장을 거듭하게 됩니다. 이것이 바로 정서가 안정된 사람이 누릴 수 있는 특권입니다.

천재가 꼭 좋은 머리를 타고나는 건 아닙니다. 유년 시절 부모에게 따뜻한 마음을 받고 자란 아이는 자신의 천재성을 꺼낼 수 있지요. 그렇다면 그 마음은 어떻게 전달할 수 있을까요? 바로 부모의 말을 통해서 가능합니다. 그래서 부모가 아이에게 물려줄 수 있는 가장 위대한 유산은 돈이 아니라, 안정적인 삶을 살아가는 일상의 모습 그 자체입니다. 그걸 평생 바라보며 아이의 내면과 정서는 가장 단단하고 유연하게 성장하니까요.

"우리 모두는 원하는 부모를 가질 수 없었죠.
하지만 내 아이에게는 기적을 선물할 수 있어요.
당장이라도 마음만 굳게 먹으면,

여러분의 사랑스러운 아이에게

그토록 원하던 부모가 될 수 있으니까요."

· 2일 ·

# 아이의 정서 지능을 높이는 5가지 말

정서 지능은 자기감정을 인식하고 적절히 조절할 줄 아는 능력을 말합니다. 자존감이 높은 아이들은 대개 정서적으로 안정되어 있고, 탄탄하면서도 유연한 내면의 힘과 높은 정서 지능을 바탕으로 어떤 상황이나 외부의 충격에 휩쓸리지 않습니다.

정서가 안정된 아이에게는 장점이 많이 발견되는데, 이렇게 4가지로 구분할 수 있습니다.

① 쉽게 분노하지 않고, 스스로 분노를 조절합니다.

② 감정의 높낮이가 크지 않아서 극단적으로 생각해 후회하는 일을 저지르지 않습니다.

③ 누군가에게 인정받지 못해도 실망하거나 화내지 않습니다. 스스로 자신을 인정하고 있으니 굳이 타인의 인정까지 필요하지 않기 때문입니다.

④ 자신을 존중할 줄 압니다. 동시에 타인의 존재와 가치 역시 존중하고 좋은 감정을 나누며 슬기롭게 관계를 유지합니다.

정서 지능이 높은 아이로 키우려면 어떻게 해야 할까요? 예를 들어서 설명하겠습니다. 아이가 밖에서 친구들과 놀다가 다투거나 학교에서 소란을 피우고 돌아온 날, 이런 말로 상황을 쉽게 넘기는 건 아이 정서에 좋지 않습니다.

"애들이 놀다 보면 그럴 수도 있지."

"다 싸우고 다투면서 크는 거야."

물론 그런 말로 넘길 상황도 있습니다. 하지만 다툼의 수준이 높다면 이런 식의 표현은 매우 위험합니다. 폭력의 심각성을 축소한 말이기 때문입니다. 바로 이 부분이 매우 중요합니다. 우리는 아이가 느낀 감정을 축소하거나 반대로 과장하는 것을 경계해야 합니다. 부모의 그런 무관심한 표현은 학교에서 혹은 친구들과의 관계 속에서 아이가 주눅이 들거나 폭력에 노출되기 쉽게 만듭니다. 가령 아이가 이런 생각을 하게 만듭니다.

'나는 맞아도 어쩔 수 없어.

쓸모없는 바보 같은 존재잖아.'

'힘이 없으면 할 수 없지.

그냥 당하고 견딜 수밖에 없어.'

'부모님까지 나를 이렇게 대하네.

나는 정말 어쩔 수 없는 사람이구나.'

이런 최악의 생각 속에서 아이의 정서는 조금씩 파괴되죠. 실제 현장에서 들리는 고통의 소리는 우리가 상상하는 것보다 더 엄중합니다.

"애들이 다 그러면서 크는 거지!"

이렇게 아이 정서에 나쁜 영향을 주는 말은 지우고, 대신 아래에 소개하는 정서 지능을 높이는 5가지 말을 매일 자주 들려주시면서 낭독과 필사로 마음에 가득 채울 수 있게 도와주세요.

"너는 사랑받아야 할 소중한 존재야."

"우리는 모두 너의 가능성을 믿어."

"너에게는 너만의 가치가 있지."

"우리에게는 서로를 지켜줄 힘이 있어."

"너에게는 존중받을 자격이 있단다."

간혹 미련하게도 자신을 힘들게 하며 자학하는 아이를 볼 때가 있습니다. 왜 그 아이는 스스로 자신을 망칠까요? 자학은 포기가 아니라, 마지막으로 선택한 저항의 방식입니다. 그것밖에 할 수 없으니 아프고 괴롭지만, 자신을 힘들게 만드는 방식을 선택한 거죠. 뭐라도 해야 그나마 살 수 있으니까요. 너무 아프지만 아무것도 할 수 없어서 힘든 아이의 마음을 바라봐주세요.

폭력적인 생각과 행동이 주는 위험을 축소하거나 흐리게 지우는 표현은 나쁜 결과를 만듭니다. 아이가 자신의 가치를 스스로 깨닫고 '나는 존중받아야 하는 사람이야'라는 마음으로 하루를 아름답고 편안하게 살 수 있게 해주세요. 그런 아이는 어떤 상황에서도 폭력에 굴하지 않고 당당하게 살아갈 수 있습니다.

· 3일 ·

# 아이의 내면이 단단해지는 '바꿔 표현하기'의 힘

"아니, 내가 이런 말을 아이에게 했다니!"

아이와 부모가 대화를 나누는 장면을 지켜본 후에, 이런저런 말을 아이에게 했다는 사실을 부모에게 알려주면 뒤늦게 나오는 반응입니다. 말은 참 어렵습니다. 좋은 말만 하려고 해도 쉽지 않고, 좋은 말만 했다고 생각하지만 돌아보면 그렇지 않아서 또 반성하게 됩니다. 결국 아름다운 말을 자주 바라보며 낭독하고 필사하며 '나의 언어'로 만드는 게 최선의 방법입니다.

꼭 주의해야 할, 아이의 내면을 파괴하는 13가지 대표적인 말을 먼저 소개합니다. '이 말들은 꼭 내 삶에서 지워야지!'라는 강한 의지를 담고 읽어주세요.

1. “생각이 있는 거니, 없는 거니?”
2. “빨리 안 오면 그냥 먼저 간다!”
3. “네가 잘할 수 있는 게 대체 뭐야?”
4. “그렇게 느려서 어디에 써먹겠어!”
5. “게임만 하려고 태어났니! 그만하라고!”
6. “잘하는 게 그렇게 힘드니!”
7. “우리 형편에 그걸 어떻게 사니!”
8. “너도 다음에 꼭 너 같은 자식 낳아라!”
9. “시키는 대로 좀 할 수 없니?”
10. “당연한 것 좀 물어보지 말라고!”
11. “대체 왜 자꾸 같은 실수를 하는 거야!”
12. “물어보면 빨리빨리 대답하라고 했지!”
13. “몇 번을 말해야 알아듣니!”

아이의 내면을 파괴하는 말을 소개한 이유가 뭘까요? 반대로 말할 수 있다면 아이의 내면을 단단하게 만드는 표현이 될 수 있기 때문입니다.

자, 이제는 이렇게 바꿔서 아이에게 전하기로 해요. 이번에도 역시 하나하나 내면에 담겠다는 마음으로 읽어주세요.

**1. "생각이 있는 거니, 없는 거니?"**

→ "네 생각이 궁금하다.

좀 들려줄 수 있겠니?"

**2. " 빨리 안 오면 그냥 먼저 간다!"**

→ "뭘 집중해서 생각하고 있었니?

충분히 더 생각하렴.

그런데 시간이 별로 없으니까,

좀 서두르면 좋을 것 같아."

**3. " 네가 잘할 수 있는 게 대체 뭐야?"**

→ "누구에게나 잘하는 게 있지.

너는 다만 그걸 찾고 있을 뿐이야.

어차피 네 안에 있는 거니까,

걱정하지 말고 천천히 해보자."

**4. "그렇게 느려서 어디에 써먹겠어!"**

→ "모두가 네 속도를 인정하지 못해도

나는 언제나 기다릴 수 있단다.

지금 할 수 있는 것부터

차분한 마음으로 먼저 시작해보자."

**5. "게임만 하려고 태어났니! 그만하라고!"**

→ "게임하고 싶은 마음을 제어하는 건
사실 정말 어려운 일인 것 같아.
우리 좀 더 노력해보자.
매일 조금씩 더 나아지면 되잖아."

**6. "잘하는 게 그렇게 힘드니!"**

→ "누구나 시작할 수 있지만
모두가 끝을 보는 건 아니지.
잘하는 것도 중요하지만,
늘 시작하면 끝을 보는 네가 멋지다."

**7. "우리 형편에 그걸 어떻게 사니!"**

→ "뭘 살 때는 미리 계획을 해야지.
이번 달에는 조금 늦었으니까,
다음 달 계획에 넣어보면 어떨까?
그때까지 기다릴 수 있겠니?"

**8. "너도 다음에 꼭 너 같은 자식 낳아라!"**

→ "좋은 평가만 들을 수는 없어.

'내가 저 사람이었다면 지금의 나를

어떻게 생각할까?'라고 늘 묻는 게 좋아.

그래야 더 나은 사람이 될 수 있지."

**9. "시키는 대로 좀 할 수 없니?"**

→ "늘 너만의 방식을 찾아서

시도하는 모습이 참 근사해.

하지만 가끔은 엄마의 조언에도

귀를 기울여주면 좋겠어."

**10. "당연한 것 좀 물어보지 말라고!"**

→ "뭔가 새로운 부분을 발견했구나?

같은 것을 보고 듣고 배워도

이렇게 세심하게 질문하는 건,

너처럼 당연한 것에도 관심을 갖는 소수의 몫이지."

**11. "대체 왜 자꾸 같은 실수를 하는 거야!"**

→ "실수가 나쁜 건 아니야.

우리를 점점 나아지게 해주니까.
하지만 다음에는 조금 더 주의하자.
집중하면 같은 실수는 하지 않을 수 있어."

**12. "물어보면 빨리빨리 대답하라고 했지!"**

→ "아, 생각할 게 많구나?
그래, 생각을 정리하는 시간도 중요해.
생각이 다 정리가 되면 아빠한테 말해줘."

**13. "몇 번을 말해야 알아듣니!"**

→ "좀 더 완벽하게 알고 싶구나.
더 섬세하게 바라보는 네 시선이
엄마가 보기에도 참 멋져.
얼마든지 알려줄 수 있으니,
마음껏 질문하렴."

어떤가요? 우리가 평소에 쓰던 말과 좋은 방향으로 바꾼 말이 주는 느낌이 전혀 다르죠. 처음에는 이렇게 말하는 것이 어색할 수도 있습니다. 하지만 그건 그만하라는 신호가 아니라, 익숙해질 때까지 멈추지 말라는 신호입니다. 그러니 꾸준히 아이에게 들려주세요. 이 말에 익숙해지는 순간, 아이의 내면에는 아름다운 꽃이 피어날 테니까요.

· 4일 ·

## 자주 실수하는 아이의 내면의 성장을 돕는 3단계 질문법

"넌 누굴 닮아서 그 모양이니!"

"왜 또 그러는 거야!"

아이가 일상에서 보기 싫은 말과 행동을 보여줄 때마다 자주 하게 되는 말 중 하나입니다. 부모는 짜증이 나서 습관처럼 나오는 말이지만, 아이는 전혀 다르게 받아들이죠.

"내가 또 실수를 했구나."

"난 왜 이 모양이지?"

아이는 부모의 표현을 그대로 받아 다시 자신에게 묻습니다. "넌 누굴 닮아서 그 모양이니!"라는 말을 부모가 먼저 했기 때문에 "난 왜 이 모양이지?"라는 질문을 아이가 생각할 수 있었던 거죠. 아이가 던지는 질문은 부모의 언어 수준에서 벗어날 수가 없습니다. 부모의 언어 수준이 낮을수록, 아이는 매일 자신을 파괴하는 질문만 던지게 됩니다. 참 무섭고 안타까운 현실입니다.

하지만 더 무서운 사실이 하나 있어요. 바로 '아이는 가장 사랑하는 사람을 닮는다'라는 사실이죠. "누굴 닮아서 그 모양이니?"라는 부모의 말에 아이는 굳게 믿고 있던 자신의 사랑에 대해서 부정적인 생각을 하기 시작합니다. 게다가 부모가 서로 "너 닮아서 그렇지!"라며 화를 내면, 아이의 세계는 조금씩 무너지게 되죠.

낭독과 필사로 이 사실을 꼭 내면에 담아주세요.

"오늘 우리 아이가 품었던 생각,
오늘 우리 아이가 던진 말,
오늘 우리 아이가 보여준 행동,
그건 모두 아이가 가장 사랑하는
부모의 말과 행동을 보며 배운 것들입니다."

"넌 누굴 닮아서 그 모양이니!"

아이 내면을 망치는 그 말은 이제 버리기로 해요. 대신 아이의 내면의 성장을 돕는 다음 3단계 질문을 통해 일상을 아름답게 바꾸시길 바랍니다.

### 1. 제안하기

"그건 이렇게 하는 게 어떨까?"
"이렇게 하는 것도 괜찮지 않을까?"

이때 주의할 점은 부모의 주관이 너무 많이 들어가지 않는 것입니다. 절반 이상은 아이가 선택할 수 있게 해주세요.

### 2. 의견 묻기

"너는 어떻게 하는 게 좋을 것 같아?"
"이렇게 하면 너는 어떻게 될 것 같아?"

이 질문을 통해 아이는 자기 내면에 잠들어 있는 생각을 깨울 수 있습니다. 최대한 차분한 목소리로 질문해 주시는 게 좋습니다.

### 3. 실천하기

"그럼, 우리 이렇게 같이 해볼까?"
"앞으로 우리가 함께 해보는 거야."

부모가 함께 참여하는 게 핵심입니다. “내가 같이 해줄게”라는 뉘앙스가 아닌, “함께할 수 있어 기쁘다”라는 마음이 느껴지는 게 중요합니다.

아이는 아직 방법을 제대로 모를 수 있습니다. 부모가 먼저 적당한 방법을 제안해서 아이의 생각을 자극하고, 다음에는 아이의 의견을 묻고, 그렇게 서로의 의견을 더해서 함께 실천할 가장 좋은 방법을 하나 찾는 거죠. 그러다 보면 아이는 실수와 나쁜 습관의 반복을 오히려 성장의 기회로 삼게 됩니다.

어떤 수업에서도 배울 수 없는 매우 중요한 부분입니다. 사랑하는 부모님과 함께 질문하고 답하며 스스로 나아지는 방법을 찾았으니까요. 이런 경험의 반복으로 아이는 앞으로 스스로 문제를 해결할 수 있게 됩니다. 아이가 실수를 하거나 나쁜 습관을 반복하면 그건 혼낼 기회가 아니라, 내면의 성장을 이끌 기회라는 사실을 기억해 주세요.

· 5일 ·

# "고생했어", "수고했어"라는 말 대신 쓰면 좋을 3가지 마음의 언어

어른들의 세계에서도 그렇지만 누군가 어떤 일을 해냈을 때 주로 사용하는 말이죠. "고생했네." "수고했어." 하지만 이런 식의 표현이 아이의 정서 지능에는 좋은 역할을 하지 못합니다. 방금 한 일을 고생이라고 생각하게 되고, 수고할 정도로 힘들게만 여기게 되기 때문입니다. 가끔 그런 건 괜찮지만, 쌓이면 돌이킬 수 없는 상황을 맞이하죠.

언어는 매우 미묘하고 섬세해서 말하는 사람과 듣는 사람이 다르게 느끼기 마련입니다. 말하는 부모는 고마운 마음이지만, 듣는 아이에게는 자꾸만 부정적인 기운이 전해집니다. 물론 "잘했어"라는 표현으로 대체할 수도 있지만, "잘했어"라는 말은 평가의 언어라는 느낌이 강하죠. 그것보다는 좋은 마음을 전하는 느낌의 말을 들려주는 게 아이의 정서에 좋습니다. 제가 추천하는 3가지 마음의 언어를 소개합니다.

1. "고마워"
2. "기특하네"
3. "자랑스러워"

제가 이 3가지 말을 '마음의 언어'라고 부르는 이유는 말 그대로 좋은 마음을 전하는 말이라서 그렇습니다. 여기에는 어떠한 평가나 나쁜 감정이 들어가 있지 않죠. 아래 예시를 참고해서 각자 상황에 맞게 들려주면, 이전과는 다른 감정을 느끼며 아이의 정서가 긍정적으로 바뀌는 걸 실감하실 수 있습니다.

### 1. "고마워"

"엄마 일을 도와줘서
늘 고마운 마음이야."

"네 마음을 솔직하게 말해줘서

내 마음도 언제나 편안하단다."

"아빠는 네가 이렇게
멋지게 자라줘서 참 고마워."

### 2. "기특하네"

"기특하게도 혼자
알아서 숙제하고 있었구나."

"동생을 이해해 주는
네 마음이 참 기특해."

"기특하기도 해라,
방을 깨끗하게 청소했네."

### 3. "자랑스러워"

"언제봐도 믿음직한
네가 자랑스럽단다."

"한 학년을 멋지게 마무리한
네가 참 자랑스러워."

"자랑스러운 우리 ○○이,
울지도 않고 잘 있네."

"너무 예민하게 생각하는 것 아닌가요?"
"'고생했어'나 '수고했어'라는 말도 괜찮을 것 같은데요!"
물론 이렇게 생각하실 수도 있어요. 하지만 아이와 관련이 있는 문제는 '예민'이 아닌 '섬세'의 관점으로 다가가야 그 과정이 아름다울 수 있고, 그 끝에서 서로 웃을 수 있죠. 언어라는 것은 참 섬세해서, 작은 표현 하나로도 변화가 이루어지니까요.

'고마워', '기특하네', '자랑스러워'

위에 소개한 3가지 표현과 예를 일상에서 적절하게 활용해 주세요. 근사한 언어를 듣고 자란 아이는 큰 걱정을 하지 않아도 몸과 마음이 건강한 사람으로 성장합니다. 정서에는 더욱 결정적인 역할을 하죠. 이유는 간단해요. 아이가 평소 부모에게 들었던 말이 아이 삶에 그대로 녹아들었기 때문이죠.

· 6일 ·

# 유아기 아이에게 들려주면 단단한 내면을 키울 수 있는 말

먹고, 자고, 씻는 기본적인 조건만 충족하면 되는 신생아 시기가 지나, 유아기를 맞이한 2~6세 아이들에게는 조금은 다른 조건이 하나 더 필요합니다. 그건 바로 부모의 말이 더 섬세해져야 한다는 것입니다. 비록 부모가 하는 말을 이해하진 못해도, 그 분위기와 말투 그리고 언어에서 느껴지는 사랑을 통해 아이는 유연한 내면과 세상을 바라보는 근사한 태도를 자기 안에 쌓게 되죠. 세상에 갑자기 크는 아이는 없어요. 아주 어릴 때부터 당장은 이해하지 못할 부모의 말을 하나하나 마음에 담아가며 성장하는 것이죠.

그 사실을 잘 아는 지혜로운 부모님들은 아이가 아직 세상에 나오기 전, 그러니까 배 속에 있을 때도 어떤 말을 들려줄지 고민합니다. 맞아요. 아이가 듣고 이해할 거라고 생각해서 하는 말은 아닐 겁니다. 이해하든 이해하지 못하든, 부모가 들려주는 말은 아이의 삶에 큰 영향을 미치기 때문이죠. 아이가 이해하지 못하더라도 오히려 생각을 자극하는 긍정적인 효과를 기대할 수 있어요.

"기특한 우리 ○○이,
웃는 모습도 참 예쁘네."

"자신을 많이 사랑하는 사람이 되자.
그래야 더 많은 사랑을 전할 수 있으니까."

"빨리 걷고 빨리 뛰는 건 중요하지 않아.
곧은 자세로 올바른 곳으로 가는 게 중요하지."

"네가 우리에게 와줘서,
요즘 난 눈만 뜨면 행복하단다."

"우리에게는 늘 좋은 일만 생길 거야.
내가 그렇게 믿고 있으니까."

"네가 보고 듣고 생각하는 것들이
너를 근사한 곳으로 안내할 거야."

"넌 어디에서든 빛나는 존재야.
너만의 빛을 가졌으니까."

"네가 조금씩 커가는 모습을 보면,
내 마음까지 예뻐지는 기분이야."

"우리 부정적인 생각은 하지 말자.
그건 우리에게 어울리는 생각이 아니니까."

"뭐든 다른 사람과 비교할 필요는 없어.
너에게는 너만의 길이 있으니까."

"하늘에서 별이 빛나는 것처럼,
너의 하루도 늘 빛나고 있단다."

"뭐든 늘 할 수 있다고 생각하자.
가능성을 본다는 건

자신에게 희망을 선물하는 거니까."

모든 사람의 외모가 서로 다른 것처럼 기쁨을 느끼는 순간도 모두 다릅니다. 하지만 거의 유일하게 모두가 기쁨을 느끼는 상황이 하나 있죠. 바로 집에서 기분 좋은 웃음소리가 끊이지 않을 때입니다. 그 중심에 사랑하는 아이가 해맑게 웃고 있다면, 부모에게 그것보다 귀한 풍경도 없을 겁니다. 어떤 위대한 화가도 그릴 수 없는, 세상에서 가장 아름다운 풍경화일 테니까요.

그런 아름다운 가정을 완성하기 위해 어릴 때부터 아이에게 듣기 좋은 말을 자주 들려주는 게 좋습니다. 사람은 결국 자신이 평생 들었던 말로 자신을 하나하나 만들어 나가니까요. 부모의 말은 아이라는 존재를 완성하는 가장 탄탄한 지성이어야 합니다. 매일 아이가 자기 삶에 행복을 저축할 수 있도록, 마치 훌륭한 클래식을 들려주듯 위에 소개한 말을 들려주세요.

아이는 세상에 나오면서 동시에 수많은 언어에 노출이 됩니다. 우리는 다른 게 아닌 언어와 싸우고 있는 거죠. 좋은 언어도 있지만, 못되거나 나쁜 영향을 미치는 언어가 더 많은 게 현실입니다. 그 안에서 부모가 중심을 잡고 아이에게 좋은 말을 들려준다면, 아이가 그 말을 당장 이해하거나 발음할 수는 없어도 그 말을 해줄 때 부모의 표정과 마음을 느끼며, 아름답게 살아갈 든든한 힘을 얻게 됩니다.

행복과 기쁨이 가득한 가정에는 공통점이 하나 있어요. 바로 '서로 닮은 부분이 많다'라는 사실입니다. 하지만 반대로 불행과 슬픈 소식만 찾아오는 가정에는 모든 구성원이 각자 너무 다르다는 공통점이 있죠.

책을 여기까지 읽으셨다면, 행복과 기쁨이 가득한 가정을 만들기 위해서 부모의 말이 더욱 섬세해져야 한다는 사실을 깨달았을 겁니다. 말을 통해서 우리는 서로 생각을 공유할 수 있고, 마음을 표현하며 서로 같은 점을 찾아낼 수도 있습니다.

·7일·

# 아이를 주눅 들게 만드는 8가지 말

우리는 자신도 모르게 아이의 기를 죽이는 말을 하면서 살고 있습니다. 그런 말을 자주 듣게 되면 내면이 단단했던 아이도 점점 주눅이 들어서 아무것도 할 수 없는 상태가 됩니다. 일상에서 아이의 기를 살릴 수 있는 좋은 말을 자주 건네주세요.

이 지점에서 물론 이렇게 반문할 수 있어요. "그럼 부모의 기는 누가 살려주나요?" 맞습니다. 부모의 마음을 치유하고 기를 살리는 것도 중요하죠. 그런데 이렇게 생각해볼 수도 있습니다. 아이의 기를 살리는 것이, 곧 부모 자신의 기를 살리는 것이 아닐까요? 스스로 듣기에도 좋은 말을 아이에게 전하며, 부모 자신의 마음도 평온해지고 안정을 느낄 수 있기 때문입니다. 아이의 불안을 키우고 주눅 들게 만드는 다음의 8가지 말을 주의하고, 대신 기를 살리는 말을 전해주세요.

**1. "끝까지 하지 않을 거라면 하지 마!"**

마무리를 하지 못하고 늘 시작만 하는 아이의 태도를 바꿀 때 이렇게 얘기하곤 합니다. 그 마음은 이해하지만, 이런 부모의 말에 아이는 시작을 두려워하는 사람으로 성장하게 됩니다. 오히려 그럴 때는 이렇게 말을 바꿔주는 게 좋습니다.

"뭐든 스스로 시작한다는 건 멋진 일이야."
"네가 뭘 시작하든 난 늘 기대해."

**2. "내 말에 토 달지 마. 조용히 해!"**

아이들이 반복적으로 말꼬리를 잡고 늘어지면 순간적으로 분노해서 이렇게 말하게 되죠. 물론 아이들의 모습이 예의 바르게 느껴지지 않아서 고쳐주고 싶은 마음이 드는 것도 사실입니다. 하지만 이렇게 억압하는 방식보다는 다음과 같이 말해주는 게 좋아요.

"그래, 넌 어떻게 생각하니?"
"왜 그렇게 생각하게 된 거야?
그럼 이제 내 말도 좀 들어줄래?"

**3. "놀이터에서 혼자 살아! 엄마는 간다."**

놀이터에서 놀다 보면 자주 일어나는 상황이죠. "10분만 더!", "아니, 5분만 더!" 이러다가 결국 약속을 지키지 않는 아이를 두고 외치는 말입니다. 물론 본심은 그게 아니지만, 약속을 지키지 않는 아이에게 지치기도 하고 동시에 약속을 지키는 교육도 하고 싶어서 그렇게 말하죠. 하지만 조금만 표현을 바꾸면 더 효과적으로 그 의미를 전달할 수 있습니다.

"자신과의 약속을 지키지 않는 건,
멋진 너에게 어울리지 않는 일인 것 같아."
"네가 약속을 지켜주면,
집으로 가는 길이 더 행복할 것 같아."

**4. "내가 너 때문에 못살겠어!"**

주변에서 늘 볼 수 있는 풍경입니다. 아이는 실수를 하고 부모는 이런 식의 말로 성난 기분을 표현하죠. 그러나 이런 방식의 표현은 아이에게 신세를 한탄하는 느낌으로 전해지기 때문에 좋지 않아요. 예를 들어서 실수로 물을 흘렸다면 스스로 닦을 수 있게, 이렇게 표현을 바꿔주는 게 좋죠.

"누구나 실수로 물을 흘릴 수 있지.
닦으면 되는 거니까 당황할 필요는 없어."
"잘못은 누구나 할 수 있어.
스스로 책임을 지면 되는 거지."

**5. "네가 형이니까 양보해야지!"**

형제가 다투고 싸우면 부모는 참 곤란합니다. 매번 화를 내며 혼낼 수도 없으니까요. 그래서 이런 식으로 '~이니까'라는 방식을 활용해 형이나 동생에게 양보를 권합니다. 하지만 형이라서 양보하고, 동생이라서 참으라고 하는 건 아이 입장에서는 조금 억울합니다. 기준도 분명하지 않기 때문에 좋지 않죠. 이런 식으로 바꿔서 말해주는 게 좋습니다.

"서로 이해할 수 있다면,
싸울 일도 점점 줄어들 거야."
"각자의 이야기를 들려주면서,
우리 조금씩 서로를 이해해보자."

**6. "좀 빨리빨리 움직일 수 없니!"**

느릿느릿 굼벵이처럼 행동하는 아이의 모습을 보면 절로 이렇게 외치게 되죠. 특히 등교를 해야 하는 바쁜 아침에는 더욱 부모 마음이 급해집니다. 하지만 이렇게 명령하는 방식으로는 아이의 근본적인 변화를 기대하기 힘들어요. 대신 이렇게 생각을 자극하는 방식의 표현이 필요합니다.

"조금만 서두르면 지각하지 않을 수 있어."
"5분 일찍 일어나면 하루가 완전히 달라져.
네가 그 행복을 한번 경험해봤으면 좋겠다."

**7. "대체 넌 몇 번을 말해야 이해하니!"**

정말 지겹게도 묻고 또 묻는 아이 앞에서, 혹은 실수하고 또 실수하는 아이 앞에서 결국 나오게 되는 말입니다. 그러나 이 말은 '불가능'의 관점에서 나온 말이라 아이에게 좋게 들리지 않죠. '가능성'의 관점에서 나온 이런 식의 말을 들려주는 게 아이 성장에 좋습니다.

"더 분명하게 이해하려는 모습이 멋져."
"조금 더 나아지려고 계속 시도하는구나."

8. **"어른을 보면, 늘 인사하라고 했지!"**

인사 교육은 참 쉽지 않아요. 어떤 사람은 억지로 아이에게 인사를 강요하지 말라고 하고, 또 어떤 사람은 인사는 강요해도 될 정도로 중요한 예절이라고 말합니다. 하지만 아이의 생각으로는 모두 이해할 수 없는 이야기일 뿐이죠. 인사가 좋은 것이라면 함께하는 게 좋습니다. 바로 이렇게 말하면서 말이죠.

"우리 같이 가서 인사할까?"
"서로 인사하면 마음이 예뻐진단다.
인사하면 늘 마음으로 웃게 되니까."

부모의 말은 아이의 마음 건강을 책임지는 보약입니다. 몸의 건강을 위해 좋은 음식을 먹는 것처럼, 마음 건강을 위해서 아름답고 좋은 말을 자주 듣는 게 좋죠. 간혹 이런 질문을 하는 분들도 있어요.

"이 말을 아이가 이해할 수 있을까요?"

우리가 아름다운 예술 작품을 자주 보고 듣고 경험하는 이유는 뭘까요? 그걸 모두 이해하기 때문에 경험하는 걸까요? 그건 아니겠지요. 당장 이해하지 못해도 내면에 고스란히 쌓여서 살아갈 힘이 되어주기 때문입니다. 부모의 말도 다르지 않아요. 또한, 말하기 전부터 '내 아이가 이걸 이해할까?'라는 의문을 갖는 것도 좋진 않습니다. 부모가 먼저 아이의 가능성을 재단하고 막는 것이 될 수 있기 때문입니다.

"당신의 말로 아이의 가능성을 열어주세요.
부모의 말은 아이 마음을 쑥쑥 자라게 하는
세상에서 가장 귀한 보약입니다."

· 8일 ·

# "자랑스러워"라는 말이 아이의 마음에 미치는 영향

자신이 살아가는 공간과 그곳을 구성하고 있는 가족을 부모가 자랑스럽게 여긴다면, 그걸 본 아이의 내면에는 어떤 마음이 꽃피게 될까요? 아이 역시 그런 가정에서 자라는 것을 자랑스럽게 여기게 됩니다. 물이 아래로 흐르듯 정말 당연한 이치입니다. 자신이 살아가는 공간과 구성원을 자랑스럽게 여기는 부모의 태도와 말이 아이의 삶에도 긍정적인 영향을 미치는 셈이죠.

그 간단한 것을 지금까지 아이에게 해주지 못한 것이 안타깝다고 생각하시나요? 다음에 소개하는 말을 낭독과 필사로 자신의 언어로 만든 이후, 아이에게 대화를 통해 전해주시면 됩니다. 그럼 이전보다 훨씬 단단하고 안정적인 아이의 모습을 만날 수 있을 겁니다.

"언제봐도 자랑스러운 내 딸(아들)!"

"아무리 많이 실패하거나 실수를 해도,
네가 자랑스러운 내 아이라는 사실은
조금도 달라지지 않지."

"지금 할 수 있는 일을 미루지 않고
매일 조금씩 해낸다면,
훗날 네 삶을 더 자랑스럽게 생각하게 될 거야."

"자랑스러운 우리 아들(딸),
학교 잘 다녀와!"

"생각한 대로 되지 않아도 괜찮아.
네가 자랑스러운 존재라는 건,
여전히 변함없는 사실이니까."

'자랑스럽다'라는 말은 '잘했어' 혹은 '좋았어'라는 말과 수준이 다릅니다. 잘했다는 것과 좋았다는 표현은 어떤 일의 결과에 따른 평가의 언어이지만, '자랑스럽다'라는 말은 결과가 어떻게 나오든 변함없이 아끼고 응원한다는 마음의 표현이기 때문입니다. 순수하면서도 뜨거운 사랑이 가득 담긴 표현이라 부모가 아이에게 전할 때 더 빛을 발하게 되죠. 그래서 '자랑스럽다'라는 말을 자주 듣는 아이의 내면은 언제나 차분하며, 주변 상황에 따라 마음이 흔들리지 않고 늘 자신을 유지하며 살아갑니다. 부모의 말을 통해 삶의 안정성을 먼저 확보했기 때문입니다.

아이에게서 보고 싶은 모습이 있다면, 늘 자신의 삶을 먼저 돌아보세요. 부모가 아이의 삶을 자랑스럽게 생각하게 되면, 세월이 흘러 아이는 더욱 자신을 믿고 그 믿음을 준 부모를 사랑하게 됩니다.

"부모의 말이 하나 바뀌면,
아이의 삶은 열이 바뀝니다."

· 9일 ·

# 사춘기를 건너는 아이의 방황을 잡아주는 말

사춘기의 아이와 대화를 나누는 건 참 쉽지 않습니다. 부모가 된 후에 가장 큰 어려움은 사춘기를 맞이한 아이와 대면하면서 시작하죠. 이 시기 아이의 흔들리는 마음을 다잡아주고 내면이 불안하지 않도록 도와주려면 어떻게 해야 할까요?

사춘기의 아이는 욕망이 이끄는 대로 충동적으로 행동하고, 두 번 이상 생각하지 않고 그냥 나오는 대로 말합니다. 그러나 그것이 꼭 나쁜 것은 아닙니다. 정체성을 찾아가는 중이라고 생각하면 되지요. 다만 그 정체성을 아름답고 균형 있게 만들려면 부모의 적절한 말이 필요합니다.

이 시기에 주로 나타나는 특성을 한번 살펴보죠. 사춘기의 아이들은 인정 욕구가 강하고, 늘 여기저기로 흔들립니다. 그럴 때 방황하는 아이의 마음과 몸을 꼭 잡아주고 자존감을 올려줄 수 있는 부모의 5가지 말을 소개합니다. 실제로 대화에서 적용하기 조금 힘들 수도 있어요. 처음에는 아이들이 들어주지 않을 수도 있습니다. 이유는 간단해요. 사춘기이기 때문이죠. 그럴 때는 포기하지 마시고, 필사를 하셔서 냉장고나 눈에 잘 보이는 곳에 붙여 놓아도 좋습니다. 늘 방법을 찾으면, 길이 보입니다. 아이의 마음이 움직여주지 않을 때, 두 번 세 번 더 생각하면 좋은 답이 나옵니다.

"모두를 위한 길도 좋지만,
나만의 길을 찾는 게 우선이지.
앞으로 너를 빛낼 것들이
바로 거기에 있으니까."

"우리의 몸은 정말 소중한 존재야.
움직여서 걸을 수 있다는 것.
그건 네가 무엇이든 해낼 수 있다는
가장 근사한 증거란다."

"우리는 너를 언제나 믿고 있어.

네가 무엇을 원하든 늘 지지한단다.
그러니까 언제나 용기를 잃지 말자."

"고민이 있으면 언제든 말해줘.
우리가 늘 함께 고민할 테니까."

"무엇을 선택해야 할지,
지금 당장 꼭 결정할 필요는 없단다.
시간이 지나면서 저절로
알게 되는 것들도 있으니까."

간혹 힘든 아이를 위해 진심을 다해 무언가를 해주려고 하는데, 아이가 "됐어요"라고 말하면 기운이 쏙 빠지죠. 하지만 그럴 때도 아이에게 못된 말로 응수하기보다는, 이렇게 말하며 대화를 시도하는 게 좋습니다.

"지금은 네 기분이 별로 좋지 않구나?
그래, 나도 그럴 때가 있단다.
좋은 기분이 들면 언제든 말해줘.
너와 오랫동안 이야기 나누고 싶거든."

아이가 방황하며 길을 잃었을 때, 그 상황에 맞는 부모의 말은 아이에게 정말 든든한 힘이 됩니다. 안정감을 주기 때문에 내면의 성장을 기대할 수 있죠. 물론 아이들이 말로는 그 마음을 표현하지 않을 수도 있어요. 오히려 반항하며 자신의 감정을 속일 수 있죠. 그래도 실망할 필요는 없습니다. 그 마음과 사랑이 모두 아이 내면에 쌓이고 있으니까요. 그 시절에 흔들리고 방황하는 건 지극히 당연한 거라는 사실을 알려주며, 위로할 수 있는 말을 전한다면 어떤 사춘기의 고통이 와도 아이는 멋지게 그 과정을 통과할 수 있습니다.

"아이가 사춘기라고 미리 겁을 먹을 필요는 없습니다.
모든 아이는 시기와 상관없이
좀 더 귀한 모습으로 변할 수 있습니다."

· 10일 ·

# 아이의 정서와 자존감을 망치는 부모의 5가지 말버릇

사실 부모는 아이보다 먼저 자신을 잘 보살펴야 합니다. 자신을 향한 마음이 곧 아이를 대하는 태도를 결정하기 때문입니다. 좋은 감정을 오랫동안 유지할 수 있어야 긍정적인 태도로 아이를 대할 수 있죠. 만약 거의 혼자서 아이를 전담하고 있다면, 나쁜 감정과 고통을 혼자 다 받고 있기 때문에 하루에 10분이라도 고요한 시간을 가질 필요가 있습니다.

정 여유가 나지 않으면 방에서 좋아하는 음악을 감상하며 자신을 위한 시간을 단 5분이라도 보내는 게 좋습니다. 그렇게 하지 않으면 결국 자신을 몰아붙이게 되고, 모든 압박과 무게는 아이를 향한 태도와 감정으로 연결됩니다. 머무는 공간이 꼭 안락할 필요도 없고, 여유를 즐길 충분한 시간이 필요한 것도 아닙니다. 매일 일상에서 틈틈이 자신에게 자유를 허락하는 것이 핵심입니다.

사람에게는 나쁜 감정을 보관하는 통이 있는데, 그 크기가 대부분 비슷합니다. 나쁜 감정을 계속 느꼈을 때 누구라도 폭발하게 되는 이유가 거기에 있죠. 특별히 나쁜 감정을 오랫동안 담을 수 있거나 견딜 수 있는 사람, 스스로 힘들다고 느끼면서도 긍정어를 쓸 수 있는 사람은 별로 없습니다.

어떤 부모는 아이가 격한 감정을 드러내면, 오히려 더욱 크게 화를 내며 무섭게 야단만 칩니다. 아무리 참으려고 해도 참아지지 않아서, 아이를 혼내고 돌아서서 울면서 또 후회하죠. 부모 자신도 어린 시절 충분한 위로를 받지 못하며 자랐기 때문에, 더욱 아이를 크게 혼내게 될 때도 있습니다.

때로는 결심을 하며 아이를 위로하고 온전히 마음을 안아주려는 시도를 해보지만, 그런 걸 받아본 적이 없어서 결국 원하는 대로 하지 못합니다. 마음은 있는데 그 마음을 어떤 행동과 말로 전해야 하는지 몰라서 속은 더 타죠. 결국 그 모든 고통은 쌓여서, 오히려 아이를 더 혼내는 분노의 연료로 쓰입니다.

아이와 부모 사이에서 일어나는 모든 작용은 선순환 또는 악순환을 합니다. 그러나 이럴 때는 악순환이 반복되죠. 계속 나쁜 일만 생기는 겁니다. 아이의 격한 감정을 받지 못하고 더 분노하니, 그걸 본 아이는 더 크게 분노하며 격한 감정을 드러냅니다. 그 힘든 상황이 전투처럼 반복되면서 집은 치열한 전쟁터가 되죠.

아이를 사랑하는 부모라면 자신이 사용하는 언어를 바꾸려고 노력해야 합니다. 지워지지 않는 문신처럼 남은 과거의 나쁜 감정도 사용하는 언어를 바꾸면 쉽게 지울 수 있습니다. 또 내 부모에게 들어본 적이 없어서 내 안에 없는 위로와 용기를 주는 아름다운 말도 노력으로 충분히 내 안에 심을 수 있습니다. 그렇게 말을 천천히 바꾸다 보면 아이의 정서는 안정되고 자존감도 올라갈 수 있습니다. 이를 위한 연습에 앞서서 다음에 제시하는 5가지 표현은 자제하는 게 좋습니다.

1. **"너 내가 그럴 줄 알았어.**
   **엄마 말 안 듣더니 쌤통이다!"**

2. **"어휴, 그럼 그렇지,**
   **내가 무슨 자식 복이 있겠냐."**

3. **"도대체 네 말은 이해할 수가 없어.**
   **무슨 문제 있는 거 아니니?"**

**4. "절대 안 되니까 저리 가!**
**대체 누굴 닮아서 저러는지 몰라."**

**5. "빨리빨리 하라고 몇 번을 말하니?**
**넌 왜 맨날 그렇게 느린 거야!"**

아이는 부모가 들려주는 언어를 통해 아직 경험한 적이 없는 바깥 세상을 구경합니다. 부모의 언어는 아이가 살아갈 세상이라고 말할 수 있어요. "아, 세상은 좋은 게 참 많구나." "부모님이 살아가는 세상은 따뜻하고 아름답구나." 아이가 이런 생각을 할 수 있다면, 그 가정에는 좋은 소식이 끊이지 않을 겁니다. 좋은 것을 주면 결국 좋은 것을 받게 됩니다.

• 11일 •

# 하루를 살아갈 힘을 주는 좋은 마음을 전하는 6가지 말

"어쩌면 너는 이렇게 너만 생각할 수가 있니?
지금 청소하는 거 안 보여!"

"넌 왜 이렇게 눈치가 없니?
일 끝내고 조금 이따가 이야기하자고!"

아이들은 매일 혼나면서도 이렇게 일에 바쁜 부모에게 다가가 자기 이야기를 하며 같이 놀자고 합니다. 부모 입장에서는 좋은 말을 해주고 싶고 같이 놀고도 싶지만, 현실은 그게 쉽지 않으니 이렇게 마음과는 다르게 못된 말이 나오기도 합니다.

맞아요. 아침에 일어나면 눈앞에 펼쳐지는 각종 집안일에 가슴이 답답해지죠. "이걸 언제 다 하나!" 먹이고 치우고, 또 먹이고 치우다 보면 그렇게 하루가 그냥 지나가죠. 세상은 계속 돌아가는데, 나 혼자 아무것도 하지 못하고 늙기만 하는 것 같아서 우울한 감정에 빠지기도 합니다. 하지만 그래서 더욱 아이에게 좋은 말과 예쁜 말을 들려줘야 합니다. 내가 듣기에도 좋은 예쁜 말을 하면서 부모의 힘든 마음도 스스로 치유할 수 있기 때문이죠.

만일 중요하다고 생각한 문제에 대해서 열심히 말하고 있는데 배우자가 제대로 듣지 않거나 반응을 보이지 않으면 기분이 어떨까요? 아이도 역시 마찬가지입니다. 자기 생각을 기쁘게 말하고 있는데 부모가 별 관심을 보이지 않거나, "어, 그래", "그렇구나" 정도의 반응만 보이면 기분이 상하죠.

반대로 어떤 이야기를 하든 배우자가 집중해서 듣고, 진심으로 반응한다면 이야기를 하는 내내 기분이 점점 좋아질 겁니다. 물론 24시간 내내 아이의 말에 집중할 수는 없어요. 또 굳이 그럴 필요도 없습니다. 가장 중요한 건 하루에 10분이라도 눈을 마주 보며 집중한 상태에서, 아이의 말에 귀를 기울이는 시간을 갖는 겁니다.

'좋은 마음을 전하는 말'을 자주 들려주는 게 좋습니다. 하루 24시간 내내 마주 보며 시간을 보낼 수 없으니, 시간이 날 때마다 틈틈이 들려줄 좋은 말이 더욱 필요합니다. 그 말을 듣고 아이는 다시 무언가를 해낼 힘을 얻고, 눈앞에 펼쳐진 '하루'라는 시간과 공간을 가장 값지게 살아냅니다. 부모의 '좋은 마음을 전하는 말'이 아이에게는

'하루를 살아갈 힘'이 되어 주는 거죠. 다음에 소개하는 말을 꼭 기억해서 아이에게 들려주세요.

"네 이야기를 듣고 있으면,
저절로 마음이 예뻐지는 기분이야."

"오늘은 어떤 일이 있었니?
엄마한테 조금 들려줄 수 있을까?"

"너랑 더 많이 이야기 나누고 싶어서,
엄마 지금 엄청 빠르게 청소하고 있어."

"넌 생각도 참 멋져.
늘 네 이야기를 기대하고 있단다."

"아빠랑 다음에는 어디로 놀러 갈까?
가서 뭘 하면서 즐겁게 놀지 생각해보자."

"우리 매일매일 좋은 생각만 하자.
그건 자신에게 좋은 하루를

선물하는 것과 같으니까."

참고로 이 모든 말의 주어에 아이 이름을 넣는 게 가장 좋습니다. 추가로 '사랑하는'이라는 표현을 이름 앞에 붙일 수 있다면 효과적으로 이 말을 활용할 수 있겠죠. 사랑은 실패하지 않으니까요. 이렇게 부모의 좋은 마음을 전하는 말을 하면, 아이에게 좋은 부모가 되지 못한 것 같아서 불편하고 불안하고 아픈 마음을 스스로 치유할 수 있습니다. 부모도 아이도 힘든 순간을 견딜 힘을 얻게 되는 거죠. 비로소 아이의 내면이 단단해지고 더욱 성장할 수 있습니다.

마음에 좋은 말에는 모든 나쁜 것을 지우고 좋은 것만 남기는 놀라운 힘이 있습니다. 그러니 일상에서 틈이 날 때마다 아이에게 들려주며, 스스로의 행복과 기쁨도 챙기시길 바랍니다.

"아이 마음에 좋은 말은

부모 마음에도 좋습니다."

3장

# 자기 생각을 또박또박 표현하게 해주는 대화 11일

· 1일 ·

# 자기 의견과 생각을 표현할 줄 아는 아이들이 평소 자주 듣는 말들

세상에는 체구가 작아도 듬직하게 보이는 아이가 있고, 체구는 크지만 나약하게 보이는 아이가 있습니다. 중요한 건 바로 '긍정적인 공격성'에 있습니다. 아마 처음 듣는 표현일 수도 있습니다. 제가 지난 20년간 교육과 연구를 통해 발견한 결과물인데, 자신의 의사 표현을 매우 선명하고 당당하게 할 줄 아는, 긍정적인 공격성이 있는 아이들은 지금 자신이 어떤 상태이며 어떤 감정을 느끼고 있는지 최대한 무례하지 않게 말할 줄 압니다. 그래서 쓸데없는 다툼도 하지 않죠. 그런 아이들은 부모에게 이런 언어 교육을 받고 자랐습니다.

자기 의견과 생각을 당당하게 표현할 줄 아는 아이로 키우는 대표적인 부모의 말 5개를 소개합니다. 아이와의 대화에서 자주 사용해

주세요. 그럼 자연스럽게 아이도 이 말을 일상에서 활용하게 됩니다.

**1. 상대를 존중하며 내 의견 전하기**

"아, 그렇게 생각할 수도 있겠다.
그런데 엄마는 조금 생각이 다른데."

"상대의 기분을 상하지 않게 하는 것도
정말 중요한 일이지만,
네 생각을 말하는 것도 못지않게 중요해."

**2. 주저하지 않고 당당하게 말하기**

"표정으로 말하는 것도 좋지만,
자신의 생각을 말로 표현하는 게 중요해.
말로 해야 분명하게 이해할 수 있거든."

"하고 싶은 말은 확실히 하자.
남과 다르다는 건 아름다운 거야."

### 3. 자신의 기호를 최대한 이해하기

"네가 먹고 싶은 게 있으면 말해줘.
오늘이 아니더라도 꼭 사줄게."

"넌 어떤 게임을 가장 좋아하니?
특별히 좋아하는 이유가 뭐야?"

### 4. 자신의 가치에 대한 믿음을 갖기

"네가 가지고 있는 것 중에
가장 자랑스럽게 생각하는 게 뭐야?"

"작은 일에도 기뻐하고,
단점보다는 장점을 보려고 하자."

"네가 보낸 시간은 사라지지 않아.
네 안에 남아서 너를 증명하지."

### 5. 두려움 없이 세상과 맞서기

"폭력적인 것과 당당한 건 다르지.
당당한 사람은 힘을 쓰지 않고도
다른 사람을 움직일 수 있거든."

"때론 싸움이 필요할 때도 있어.
그땐 왜 기분이 나쁜지
당당하게 네 생각을 말하면 되지."

자신에게 당당할 때 비로소 세상과 맞설 희망이 생깁니다. 희망과 꿈은 아무리 가지라고 말을 해도 억지로 품을 수 있는 게 아니죠. 언제 어디서든 자신의 감정을 당당하게 표현할 줄 아는 아이에게만 허락된 선물과도 같기 때문입니다.

자존감이 높은 아이는 머뭇거리지 않고 자신의 생각을 당당하게 표현할 줄 압니다. 그런 아이들에게는 더 많은 기회가 주어집니다. 지금까지 읽은 것처럼 자신의 생각을 생생하게 표현할 수 있는 긍정적인 공격성을 가진 아이로 자랄 수 있다면, 그 아이는 언제나 가장 지혜로운 선택을 할 수 있을 겁니다. 위에 소개한 5가지 말로 아이에게 그런 근사한 삶을 선물해 주세요.

• 2일 •

# 수줍음 많은 아이에게 자신감을 심어주는 '말 놀이법'

아이가 수줍음이 많아서 주변 어른들에게 인사를 하지 않거나, 대답을 제대로 하지 않는 모습을 보면 속이 터집니다. 처음에는 괜찮지만, 그런 상황이 반복해서 나타나면 참고 견디기 힘들어지면서 절로 이런 날카로운 말이 나오죠.

"그래서 앞으로 어떻게 살래!"

"뭐가 부족해서 그러는 거야!"

"인사하고 대답하는 게 그렇게 힘든 거니!"

"너랑은 창피해서 못 다니겠다!"

하지만 본질부터 살펴보면 답이 나옵니다. 수줍음을 타는 이유는 성격의 문제도 있겠지만, 매우 많은 경우 '뭐라고 말해야 할지 잘 몰라서'입니다. 일단 무엇을 말해야 하는지 모르고, 설령 안다고 해도 익숙하지 않거나 확신이 없어서 쉽게 입을 열지 못하는 거죠.

이런 아이들의 특징 중 하나가 실수를 해도 빠르게 사과를 하지 않는다는 것에 있습니다. 마찬가지로 매우 쉽게 답할 수 있는 질문에도 좀처럼 답을 하지 못합니다. 이럴 때는 자신감을 갖게 해주는 두 가지 말 놀이법이 도움을 줄 수 있습니다.

### 1. 판단 정하기 놀이

'네' 혹은 '아니오'로 답할 수 있는 질문을 반복해서 던지면서 조금씩 아이의 상황 판단력을 길러주는 놀이입니다. 우물쭈물하며 시간을 허비하지 않고 조금 더 빠르게 자기 생각을 정리할 수 있습니다. 그러면 저절로 자신감이 생겨 자신의 결정에 대한 믿음도 강해져서 발표나 주장을 할 때 긍정적인 영향을 기대할 수 있습니다. 빠르고 쉽게 판단해서 답할 수 있는 질문을 던지는 게 좋습니다. 주의할 점은 설명이 필요한 질문의 경우 오히려 아이에게 역효과를 준다는 사실입니다.

### 2. 감정 전하기 놀이

'안녕하세요' 혹은 '죄송합니다'라는 말을 보통 우리는 예절의 범주에 속하는 표현이라고 생각하는데, 넓게 보면 반갑거나 미안한 자신의 감정을 표현하는 거라고 볼 수 있습니다. 아이가 표현할 수 있는 가장 작은 감정의 단위라고 생각할 수 있어요. 그렇기 때문에 감정 전하기 놀이를 하면서 아이는 자신의 감정을 스스로 파악할 수 있고, 그때그때 어떤 언어로 상대방에게 자기감정을 전해야 하는지도 깨달을 수 있습니다. 부모와 아이가 서로 감정을 표현하는 대화를 나누시면 됩니다.

두 놀이법 모두 빨리 대답하라고 재촉하는 것이 가장 좋지 않습니다. 아이도 마찬가지로 제대로 답하지 못하는 자신에 대해 불만을 갖고 있기 때문이죠. 위에 제시한 두 가지 말 놀이법을 통해서 기본적인 사항을 알려주고 반복을 통해 익숙해지게 해준다면, 아이는 조금씩 입을 열고 차차 자신감을 얻으면서 자신의 생각을 덧붙여 말하게 될 겁니다.

· 3일 ·

# 주사 맞으며 울지 않는 의젓한 아이로 기르는 말

"싫어! 나 주사 안 맞을 거야!"

아이들이 주로 찾아오는 병원에는 이런 외침이 여기저기에 끊이지 않고 들리죠. 부모 입장에서는 짜증이 나지만, 아이는 정말 싫고 무서운 마음에 외치는 소리라 처절한 기분까지 듭니다. 하지만 거의 모든 부모가 같은 방식의 말로 아이들의 고통을 제어하려고 하다가 실패합니다.

"하나도 안 아파!"

사실이 아니죠. 게다가 "하나도 안 아파"라는 거짓말도 잘해야 두세 번 통할 뿐입니다. 문제는 그 이후로 부모의 말을 신뢰하지 않게 된다는 데 있죠. 부모가 말할 때마다 이제 아이는 이런 의심을 먼저

하게 됩니다.

'또 뭘 속이려고 그러지?'

'이번에는 당하지 말아야지.'

이런 방식의 협박이나 위협은 부정적인 영향만 주며, 당장 힘들고 두려운 아이 마음과 맞지 않는 언어이기 때문에 귀에 들리지도 않습니다.

"남자가 그거 하나 견디지 못해?
에이, 실망이다, 실망이야."

"너, 사람들이 다 지켜보는데
당장 일어나서 주사 맞지 못하겠어!"

"사람 많은 곳에서는 조용히 하라고 했지!
빨리 가서 주사 맞고 집에 가자!"

"조심! 다른 사람에게 피해를 주잖아.
자꾸 이러면 친구들이 다 너 싫어해!"

병원에서 모든 아이가 주사를 맞을 때 울면서 난리를 치는 건 아닙니다. 나이와 관계없이 의젓하게 주사를 맞으러 가는 아이도 분명 있죠. 그런 아이들의 부모에게는 두 가지 특징이 있습니다. 하나는 아이에게 거짓을 말하지 않는다는 것이고, 나머지 하나는 아픔의 강도를 섬세하게 언어로 표현할 수 있다는 것입니다.

거짓말을 하려고 하지 말고, 아픔의 강도를 섬세하게 표현해서 전달하는 게 중요합니다. 반대로 생각하면 섬세하게 표현할 능력이 없어서 자꾸만 '하나도 아프지 않다'라는 거짓말을 하고 있을 가능성도 있죠. 지금부터 하나하나 머릿속에 넣어두시면 됩니다.

우선 "아프지 않으니까 괜찮아"라는 말보다는 "아프지만, 너라면 참을 수 있을 거야"라는 말이 좋습니다. 이후부터는 추가로 이런 방식의 말을 적절히 활용하면 효과를 볼 수 있습니다.

"아프면 울어도 괜찮아.
일단 참고 맞는 게 중요하니까."

"몸이 아파서 맞는 거니까,
우리 용감하게 시도해보자."

"너 예전에 모기에 물린 적 있지?
그거보다 아주 조금 더 아플 거야.
어때, 참을 수 있겠지?"

어떤가요? '이게 될까?'라고 생각하지 마시고 한번 해보세요. "저도 비슷하게 해봤지만 현실은 달라요"라고 말하지 마시고, 한 번 더 진심을 담아 해보세요. 부모의 말에서 가장 중요한 건, 눈빛에서 나오는 '진심'입니다. 그게 느껴지면 아이는 비로소 자신의 마음을 움직이기 시작하죠. 아이가 두려운 이유는 고통의 강도를 짐작할 수 없기 때문입니다. 그 강도를 숨기지 말고 섬세한 언어로 최대한 친절하게 표현해 주세요. 그럼 아이도 수긍하며 의젓하게 주사를 맞고 웃으며 여러분에게 돌아올 겁니다.

· 4일 ·

## '너무'가 아이에게 미치는 '너무' 나쁜 영향

수백 명의 사람들에게 각각 서로 다른 음식을 제공한 후, 맛을 물어보면 이런 답이 나옵니다.

"너무 맛있어요."

다시 같은 수백 명의 사람들에게 서로 다른 옷을 제공한 후, 옷이 어떤지 물어봐도 같은 답이 나오죠.

"너무 좋아요."

기분이 좋을 때도 "너무 좋아요."

음식에 만족할 때도 "너무 맛있어요."

옷이 마음에 들어도 "너무 예뻐요."

이렇게 '너무'만 넣어서 표현합니다. 많은 사람이 이미 알고 있겠지만, '너무'라는 말은 일정한 정도나 부정적인 한계를 훨씬 넘어선 상태로 '좋지 않다'라는 의미와 어울리는 말이죠. 물론 이제는 긍정적인 의미로도 쓸 수 있게 허락된 상태이지만, 그럼에도 불구하고 이런 내용을 책에 포함한 이유는 분명합니다. 아무리 긍정적인 의미로 쓸 수 있게 되었다고 해도, 그 안에 녹아든 표현의 본질은 변하지 않기 때문입니다.

간단하게 예를 들면 이렇습니다.

"너무 맛없다."

"너무 별로다."

"너무 힘들다."

'너무'는 이렇게 부정적인 상황에서 쓸 때 비로소 잘 어울리는 표현입니다. 그러나 '너무'를 사용하지 말아야 하는 중요한 이유가 하나 더 있습니다. 바로 아이의 상상력과 창의력, 그리고 생각하는 힘 자체를 잃게 만드는 표현이기 때문입니다. 앞서 예로 든 것처럼, 수백 명의 사람들에게 각자 다른 음식과 옷을 모두 제공한 후에 기분을 물으면 입을 모아 "너무 좋아요", "너무 맛있어요"라는 답이 나오죠. 이건 무엇을 의미하는 걸까요? 수백 명이 수백 가지의 음식을 먹고 옷을 입었지만, 그 대답을 듣고 우리는 그들이 무엇을 먹고 무엇을 입었는지 전혀 짐작도 할 수 없습니다. 한 가지 표현으로 모든 걸 평가했기 때문이죠.

이렇게 '너무'라는 표현을 자주 쓰게 되면 아이가 순식간에 이런 상태에 빠집니다.

① '너무'라는, 세상에서 가장 간단한 표현이 있으니 굳이 깊이 생각하지 않습니다.
② 모든 표현이 '너무'라는 말 하나로 전개되기 때문에 자기만의 표현을 할 수 없습니다.
③ 이런 과정을 통해 문해력이 낮아지고 의사소통이 되지 않습니다. 제대로 표현하지 못하니 진심을 전할 수 없어 다툼이 끊이지 않습니다.

그래서 사람들은 보통 '너무'라는 표현 대신에 '무척'이나, '아주', '매우'라는 표현의 사용을 권장하지만, 저는 따로 추천하는 게 하나 있습니다. 바로 '정말'이라는 표현입니다. 쓰다 보면 이유를 알 수 있습니다. 처음에는 별다른 점을 발견할 수 없지만, 일단 쓰고 발음을 하다 보면 결정적으로 다른 점을 찾을 수 있습니다.

"정말 좋아요."

"정말 맛있어요."

'너무'를 빼고 이렇게 '정말'을 넣으면, 바로 이런 생각이 자동으로 들게 됩니다.

"얼마나 좋았는지 구체적으로 설명하고 싶다."

"그 음식이 얼마나 좋았지?"

"그 옷이 얼마나 근사했지?"

그렇습니다. '정말'이라는 표현은 우리의 생각을 자극해서 자꾸만 더 생각하게 만듭니다. 저절로 생각이 깊은 아이로 성장하게 되는 거죠.

생각이 깊어진 아이는 이런 식의 근사한 표현을 떠올립니다.

"그 음식은 마치 입으로 받는 선물 같아서,
씹을 때마다 정말 기분이 좋았어."

"몸에 근사한 날개를 다는 것 같은 옷이라,
날 자유롭게 만들어줘서 정말 좋았어."

이처럼 음식을 먹을 때, 옷을 입었을 때의 감정이 선명하게 전해지는 근사한 표현을 할 수 있게 되죠. 단지 '너무'라는 표현을 '정말'로 바꿨을 뿐인데, 아이의 생각이 깊어지고 표현력까지 섬세하게 발달합니다.

우리가 가진 장점과 능력은 결국 언어로만 세상에 전할 수 있습니다. 그렇기 때문에 자신의 기분과 느낌을 상대에게 선명하게 전하는 것은 매우 중요한 일이며, 자존감에도 큰 영향을 미칩니다. 따라서 더욱 경쟁이 치열해지고, 대면보다는 비대면으로 많은 일을 처리해야 하는 앞으로의 세상을 살아갈 아이들에게 자기 의견을 솔직하고 정확히 전달하는 능력은 필수입니다. 방법은 지금까지 읽은 것처럼 간단합니다. 지금부터라도 '너무'라는 표현보다는, '정말'을 넣어서 대화를 시작해보세요. 여러분의 아이는 오래지 않아 말과 글을 자유자재로 활용할 수 있는 언어 지능이 뛰어난 사람으로 성장하게 될 겁니다.

• 5일 •

## 정확히 말하려면 맞춤법을 알아야 합니다

뭐든 이유를 알아야 제대로 배울 수 있습니다. 하나 묻죠. "맞춤법은 왜 제대로 알아야 하는 걸까요?" 말과 글을 제대로 사용하고, 동시에 학교 시험에서도 틀리지 않기 위해서죠. 맞아요. 하지만 더 중요한 지점이 하나 있습니다. 특히 5세 이후의 아이들에게는 매우 중요한 부분이니 집중해서 읽어주세요. 답은 바로 이것입니다.

"문해력 향상과 내면의 성장을 위해서!"

이게 바로 우리 아이들이 맞춤법을 제대로 알아야 할 핵심 이유입니다. 혹시 아이에게 이런 문제가 있다면 앞으로 제가 알려드릴 내용에 더욱 집중해 주세요.

① 아무리 설명해도 잘 이해하지 못한다.

② 자신감이 없고 우물쭈물 망설인다.

③ 배운 것을 응용하지 못해서 안타깝다.

④ 기본적인 센스가 없어서 늘 고생이다.

⑤ 아무리 배워도 나아지지 않는다.

아이의 이런 문제가 맞춤법에서 시작한 거라면 믿으시겠어요? 그래서 제가 앞서 "문해력 향상과 내면의 성장을 위해서!"라는 단서를 붙인 겁니다. 하지만 모든 맞춤법을 다 제대로 알 필요는 없습니다. 일단 가장 중요한 것만 추려서 그 내용을 전해드릴 테니, 아이와 함께 또는 부모님이 직접 필사하셔서 아이 눈에 잘 보이는 곳에 필사한 종이를 붙여도 좋습니다.

다음 내용을 공식처럼 기억하시면 좋습니다.

"맞춤법은 자주 보면 결국 익숙해지고,
익숙해지면 저절로 나의 것이 됩니다.
이후에는 오히려 틀리기가 더 힘들어지죠."

이제 본격적으로 읽기와 쓰기를 시작한 5세 이후의 아이들은, 문해력 향상과 내면의 성장을 위해서 다음에 제시하는 7가지 단어에 대한 맞춤법의 기본을 다져야 합니다.

### 1. '틀리다'와 '다르다'

어른들도 자주 실수하는 표현이죠. 이걸 제대로 쓰지 못하면 아이는 부정적인 성격으로 자랄 가능성이 높습니다. 개성과 창의력을 인지하지 못하고 모든 것을 오답이라고 생각하게 되죠. 이렇게 설명해 주세요.

"A와 B를 비교할 때는 '다르다'를 쓰고,
셈이나 사실과 관련해서는 '틀리다'를 쓰지."
예) 너와 나는 성격이 '달라.'
3+3이 7이라는 네 답은 '틀렸어.'

### 2. '낫다'와 '낳다', 그리고 '낮다'

가장 기본적인 표현이지만, 아이에게는 조금 어렵죠. 일상에서 자주 쓰는 표현인데 어렵게 느껴지면, 아이는 자기 생각을 표현하는 데 자꾸만 망설이게 되고 자존감도 낮아집니다. 분명히 구분해서 알려주셔야 합니다.

"'낫다'는 A가 B보다 더 좋다고 할 때,

'낳다'는 아이를 낳을 때,

'낮다'는 '높다'의 반의어로 사용한단다."

예) 짜장 라면보다는 국물이 있는 라면이 '낫지.'

12월에 너를 '낳았지.'

산이 아무리 높아도 하늘보다는 '낮지.'

### 3. '어떻게'와 '어떡해'

마찬가지로 어른들도 쉽게 틀리는 표현입니다. 이게 아이들에게 더욱 중요한 이유는, 방법을 찾는 일상을 보내고 섬세하게 감정을 표현하는 데 중요한 역할을 하기 때문입니다. 뭐가 다른지 한번 볼까요?

"'어떻게'는 주로 방법이나 이유를 찾을 때,

'어떡해'는 '어떻게 해'의 줄임말로 감정을 표현할 때 사용해."

예) 연필이 없는데 일기를 어떻게 쓰지?

연필을 집에 두고 왔는데 어떡해!

어떠세요? 다 읽어보시니 제가 왜 위에서 소개한 7가지 단어에 대한 맞춤법이 아이의 문해력 향상과 내면의 성장에 결정적인 영향을 미치는지 아시겠죠. 애매한 표현을 제대로 구분할 수 있게 되면, 적절한 때에 자신 있게 자기 의견을 말하거나 글로 쓸 수 있습니다. 그럼 자연스럽게 내면이 탄탄해지고, 자신감도 갖게 되면서 매사에 주도적인 아이로 성장하게 됩니다. 꼭 아이와 함께 실천해보세요. 놀라운 기적을 만나시게 될 겁니다.

· 6일 ·

# 욱하지 않고 자기 생각을 말하게 하려면 아이의 '감정 주머니'를 키워주세요

늘 고민이 이만저만이 아니셨죠? 공공장소에서 갑자기 소리를 지르며 말대꾸를 하고, 사사건건 욱하는 아이를 어떻게 하면 자신의 감정을 제어하고 정확히 표현하는 아이로 바꿀 수 있을까요? 한번 생각해봅시다. 여러분의 가정에서는 어떤 풍경이 펼쳐지나요?

원하는 게 있으면 잠시도 참지 못하고 온갖 난리를 치는 아이
자기 생각만 고집하고 마음대로 하려는 아이
때리고 던지며 공격적인 행동으로 주변 사람들을 괴롭히는 아이
문제가 생기면 구석에서 입을 꾹 다물고 버티는 아이

이런 모습이 그려지시나요? 그런데 저는 이런 놀라운 사실도 하나 알고 있습니다. 유독 부부가 싸우는 소리가 자주 들리는 집에서 나오는 언어들이 놀랍게도 위에 나열한 아이들의 언어와 비슷하다는 사실이죠. 결국 아이들 역시 부모에게서 배운 것이고, 아이들의 감정 주머니는 부모가 가진 크기 이상을 가질 수 없습니다. 가정에서 함께 노력해야 더욱 효과적으로 아이의 감정 주머니를 키울 수 있습니다.

감정 주머니는 자신의 감정을 담아두는 주머니입니다. 아이에 따라 이 감정 주머니의 크기는 제각각이죠. 감정 주머니가 작은 아이들은 조금도 참지 못하고 말대꾸를 하면서 쉽게 욱합니다. 그런데 아이가 '욱'할 때 부모가 똑같이 '욱'으로 대처하면, 문제는 해결되지 않고 더욱 확장할 가능성만 높아집니다. 서로가 말로 더 큰 폭탄을 상대에게 던지는 것과 같아요. 결과는 서로의 내면만 무참하게 망가질 뿐입니다.

부모는 주변에서 사람들이 바라보고 있으면 좋은 말로 타이르고 있다가도 문득 '나는 아이 하나도 통제하지 못하는 부모인가?'라는 생각이 들어, 더 아프고 날카로운 언어로 아이를 공격합니다. 그런 악순환에서 벗어나려면, 감정을 섬세하게 설명해 주는 말이 필요합니다.

다음 3가지 대표적인 감정을 선명하게 설명해 주는 방식의 말을 아이에게 들려주세요. 저절로 아이의 감정 주머니가 커질 겁니다.

### 1. 슬픔

"도대체 왜 그러고 있는 거야!"

슬픔에 잠겨 있는 아이에게 이런 식으로 갑자기 다가가는 말은 오히려 아이를 깊은 슬픔에 더 빠지게 만듭니다. 다음의 말로 아이가 자신의 슬픔에 대해 생각하고 표현할 수 있게 해주세요.

"힘든 일이 있었구나?"
"어떤 일이 널 이렇게 슬프게 했어?"
"그랬구나. 네가 씩씩하게
잘 설명해 줘서 엄마도 다 이해했어."

### 2. 원망

"말대꾸 또 하면 혼난다고 했어, 안 했어!"

원망은 아이에게 매우 견디기 힘든 감정입니다. 원망은 타인을 향한, 주로 대상이 부모인 경우가 많기 때문이죠. 부모에게 힘든 마음을 품고 있는데, 그걸 보며 자꾸 혼난다고만 말하면 아이는 부모를 더 원망하게 되죠. 이런 식으로 대화를 풀어가주세요.

"미운 사람이 생겼니?"

"그런 마음을 가진 이유가 뭐라고 생각해?"

"어떻게 하면 네 마음이 어제처럼,

예쁘게 돌아올 수 있을까?"

### 3. 불안

"이 녀석이 또 우기네!

너는 어쩌면 너만 생각하니!"

갑자기 자기 생각만 강요하며 우기는 아이에게는, 내면에 불안한 감정이 교차하고 있다고 생각하시면 됩니다. 그 감정을 말로 설명하지 못해서 더 불안한 마음에 말도 안 되는 사실을 우기며 자신의 생각을 강요하는 것입니다. 그럴 때는 이렇게 대화를 시도하며 불안한 마음을 설명하게 해주세요.

"마음에 해결하지 못한 문제가 남아있구나?"

"그 문제를 생각하면 기분이 어떠니?"

"어떻게 하면 마음을 안정시킬 수 있을까?"

"그래 그럼, 우리 그렇게 해보자.

아빠도 네가 나아질 때까지 함께 기다릴게."

아이든 어른이든 인간은 모두 내면 깊숙이 사랑받고 싶은 마음을 갖고 있어요. 반대로 가장 사랑하고 아끼는 사람에게 자신의 슬픔과 원망, 그리고 불안한 감정을 전하고 싶다는 강렬한 욕망도 갖고 있지요. 아이에게는 그 대상이 바로 부모입니다. 부모가 할 수 있는 가장 아름다운 일은 아이가 그 마음을 분명하게 표현할 수 있게 돕는 것이죠. 아이가 자신의 감정을 좀 더 분명하게 표현할수록 자존감의 크기도, 아이가 맞이할 미래의 모습도 달라집니다.

아이의 마음을 정원이라고 생각해보세요. 그럼 슬픔과 원망, 불안은 정원을 해치는 해충이라고 볼 수 있어요. 감정 주머니가 작으면 무언가 지금 자신의 마음을 해치고 있는데, 도저히 마음을 설명할 길이 없어서 자꾸 분노하고 욱하면서 원초적으로 표현하게 되죠. 그래서 자신의 감정을 잘 설명할 수 있게 해야 합니다. 더 많이 깊게 설명하는 만큼, 아이가 욱하고 말대꾸를 하는 빈도도 낮아집니다.

언제나 기억해 주세요.

"부모의 섬세한 말이
아이를 자기 삶의 시인으로 키웁니다."

· 7일 ·

## 아이가 일상의 소중함을 깨닫고 감사한 마음을 표현하게 해주는 대화

첫 등교를 하며 보여준 그 예쁜 미소가 여전히 기억에 생생하게 남아 있는데, 아이가 갑자기 말을 듣지 않거나 가볍게 반항을 하는 시기가 되면, 그런 모습을 처음 보는 부모는 난처하죠.

"도대체 이유가 뭐지?"

"사춘기가 벌써 찾아온 거야?"

"뭔가 마음에 들지 않아서 그런가?"

모든 경우가 그런 것은 아니겠지만 아이가 반기를 들거나 엇나가고 있다는 것은 자신의 존재 가치에 대해 고민하기 시작했다는 매우 근사한 사실을 의미합니다. 자신이 태어난 이유와 살아갈 가치, 그 모든 것을 동시에 고민하고 있는 것이죠. 이때 부모가 적절한 말을 들려준다면 아이는 삶의 소중함을 깨닫고 스스로 감사함을 느끼며 이전과는 전혀 다른 하루를 보내게 됩니다. 한마디 말로 순식간에 아이 삶의 질이 달라지는 거죠.

아이에게 이런 식의 말을 자주 들려주세요. 단 하루도 쉽게 지나치지 않고 사소한 것 하나에서도 빛을 발견하며, 자신과 세상을 보는 눈이 이전보다 아름답게 달라질 겁니다.

"너는 세상에 반드시 필요한 사람이야."

"너는 이미 모든 것을 갖고 태어났어."

"너는 너로서 이미 충분하지."

"나도 너에게 배우는 게 참 많단다."

"너의 현재를 보면 늘 미래를 기대하게 돼."

다음의 방식으로 응용하면서 대화를 나눌 수 있습니다.

"네가 아는 게 뭐가 있다고 그래?
늘 조금씩 틀리던데, 완벽하게 알 수 없니?"

→ "와, 이런 건 어떻게 생각했어?
너에게 배우는 게 참 많네. 알려줘서 고마워."

"너도 나중에 부모가 되면 알 수 있을 거야.
지금은 그저 시키는 대로 하면 되지!"
→ "다르게 생각하는 이유에 대해서 알려줄래?
그렇게도 생각할 수 있구나.
좋아, 이번에는 네 말대로 해보자."

"글쎄, 넌 말해줘도 아직 알 수가 없어.
나중에 저절로 다 알게 되니까 기다리렴!"
→ "지금부터 엄마가 차근차근 설명해 줄게.
질문이 있으면 언제든 묻고,
다 몰라도 되니 너무 걱정하지 말자."

아이가 자신에게 주어진 모든 시절을 가장 아름답게 보내려면, 제 나이에 맞는 생각과 말을 자주 표현할 수 있어야 합니다. 모든 것은 과정이지요. 과정을 근사하게 보내면서 모든 아이는 자기 삶에 자신감을 갖게 됩니다. 한번 생각해보세요. 아이가 자신이 보내는 하루가 얼마나 아름다운지 그 가치를 깨닫고 자신이 품은 생각도 굳게 믿게 된다면, 그 삶이 얼마나 빛나겠어요. 그러면서 자존감이 쑥쑥 자라나는 겁니다. 아이가 그런 나날을 보낼 수 있다면, 주어진 일도 엇나가지 않고 차분하게 해낼 수 있습니다.

· 8일 ·

# 아이는 자기 주장이 약할수록 억지 부리고 떼를 씁니다

어떤 힘든 상황에서도 늘 차분하고 침착하게 일을 해결하는 사람들을 보면 자연스럽게 탄성이 나옵니다. "참 지혜롭게 일을 처리하네." "저 사람에게 맡기면 뭐든 해낼 것 같아." 아이들도 마찬가지입니다. 아이라고 모두 떼를 쓰거나 보채는 것은 아닙니다. 나이와 관계없이 차분하고 침착하게 주어진 일을 해내는 아이는 어디에든 있으니까요.

짜증을 내고 억지만 쓰는 아이의 진짜 문제는 '자신감 결여'입니다. 소리 지르고 떼를 쓰는 아이는 자기 주장이 강한 아이가 아니라, 오히려 자기 주장이 약한 아이입니다. 내면이 단단하지 못하니 자꾸만 그걸 숨기려고 바깥으로 소리를 지르고 고집을 피우며 주변 사람들을 괴롭히는 거죠. 다양한 이유가 있겠지만, 깊숙이 들어가 보면 결국 자신감 결여가 문제의 시작이었다는 사실을 만나게 됩니다.

그런데 이 문제는 생각보다 심각해요. 친구들과 어울려야 하는 시기가 되었는데 여전히 자신감을 갖지 못하고 억지만 부리며 떼를 쓰고 있다면 누구와도 어울리기 힘들겠죠. 자신감의 결여는 배려하거나 돕는 마음의 가치를 훼손하기도 합니다. 스스로에게 자신이 없는 상황을 남들에게 보이기 싫어서 자꾸만 방어를 하죠.

아이의 변화를 시작하기 위해서는 부모가 이런 식의 대응에서 벗어나야 합니다.

"너 진짜 짜증나게 한다!"

"이러는 게 얼마나 나쁜 짓인지 알고 있어?"

"이렇게 억지만 부리고 싶으면, 집에 혼자 있어!"

아이가 짜증을 낸다고 부모까지 같이 짜증을 내면, 그 순간 모든 변화는 멈추죠. 그럼 어떻게 해야 할까요? 간단해요. 이유를 설명해 줘야 합니다. 앞서 말했듯 가장 나쁜 방식은 이유를 설명하지 않고 무작정 "안 돼!", "그렇게 해!"라고 명령하는 겁니다. 늘 다음 두 가지 사항을 기억하며, 이런 식으로 말하려고 노력하는 게 좋습니다.

① 그것이 불가능한 이유를 설명하기

② 그것이 가능한 이유를 설명하기

만약 아이가 레고와 같은 블록을 조립하다가 생각처럼 잘 되지 않아서 짜증을 내며 블록을 집어던지고 떼를 쓴다면 이런 3단계 방식으로 반응하는 게 좋습니다.

### 1. 차분하게 다가서기

가장 나쁜 첫 반응은 이런 것들입니다.

"너 그러려면 블록 다 버려!"

"짜증이나 내려면 그거 왜 샀어!"

부모도 사람이니 이런 식의 표현이 내면에서 휘몰아치는 순간이 오겠지만, 차분하게 마음을 가라앉힌 다음 이렇게 첫 반응을 하는 게 모두를 위해서 좋습니다.

### 2. 도움을 구하게 하기

이런 식으로 다가가는 거죠.

"무슨 문제가 생겼구나?"

"엄마한테 도움을 청하면 함께 고민할 수 있는데."

아이든 어른이든 마찬가지입니다. 필요 이상으로 짜증을 내고 고집을 부리는 이유는 그 마음을 설명할 표현을 생각하지 못해서죠. 이제 아이가 스스로 자신의 마음을 설명할 수 있게 기회를 주세요.

### 3. 자신의 생각을 말로 표현하게 하기

아이가 도움을 청했다면 이런 식으로 기쁜 마음을 표현하는 게 좋습니다.

"네가 도움을 청해줘서 얼마나 기쁜지 몰라."

"자, 이제 그럼 같이 문제를 해결해보자."

이렇게 다가가면서 중간중간 아이에게 "이 부분에서 어떤 문제가 있는 것 같아?", "이걸 해결하려면 우리가 어떻게 해야 할까?"라는 식의 질문을 통해 아이가 스스로 자신의 생각을 말로 표현하게 해주는 겁니다.

반복해서 강조하지만, 자신감 역시 말에서 시작합니다. 자기 생각을 언어로 상대방에게 전하고 상대의 언어를 해석하는 힘이 없으면 자신감이 떨어집니다. 감정 표현을 말로 하지 못하니, 자꾸 억지만 부리게 되고 나중에는 말이 아닌 몸을 통한 폭력으로 해결하게 됩니다. 최악의 악순환이죠. 그래서 앞에서 소개한 3단계 방식으로 부모의 말을 바꿔서 아이와 대화를 나누는 게 좋습니다.

부모와 아이 사이에는 사랑이 존재합니다. 그러나 그걸 말로 적절하게 표현하지 못하면, 우리는 무엇도 제대로 알 수 없어요. 그래서 우리는 더욱 자신의 생각과 느낌을 생생하게 말로 표현하는 법을 배워야 합니다. 결코 어렵지 않으니, 멈추거나 포기하지 마시고 아이와 함께 마음을 나눴으면 좋겠습니다.

· 9일 ·

# 아이와 TV를 시청할 때 생각을 이끌어낼 수 있게 도와주는 말

2022년 겨울, 가나와 겨룬 한국 축구대표팀의 경기를 여전히 잊지 못하는 분이 많이 계시죠. '졌지만 잘 싸웠다'라고 말할 수 있을 만큼 열정과 아쉬운 마음이 공존한 시간이었습니다. 그 늦은 밤 수많은 부모가 사랑하는 아이와 함께 경기를 지켜보며 이런 생각을 했을 테지요. "경기를 보며 느낀 것들을 아이에게 멋진 말로 전하고 싶다. 그럼 좋은 추억을 만들 수 있을 것 같은데." 부모가 아이와 함께 그런 추억을 갖는 건 일상에서 자주 경험할 수 있는 일은 아니니까요.

아이들도 앞으로 살아가면서 한국 축구대표팀처럼 최선을 다했지만 아깝게 패배하거나 혹은 실수를 저질러 마음 아플 날이 자주 찾아올 겁니다. 아이와 각종 방송이나 유튜브 영상을 함께 시청하며,

그런 순간을 이겨낼 수 있는 좋은 말을 들려주면 내면도 단단해지고 잠든 아이의 생각도 깨울 수 있어 좋습니다. 물론 다양하게 변주가 가능한 내용이니 꼭 마음에 담아주세요.

"어제 축구 경기 본 소감이 어때?
엄마는 너랑 함께 응원할 수 있어서,
비록 경기는 졌지만 행복했어.
같은 마음을 품는다는 건 참 근사한 일이야."

"지고 있지만 포기하지 않고
끝까지 뛰는 모습을 보니 어땠어?
그래, 희망은 참 좋은 거지.
보는 사람까지 포기하지 않게 해주잖아."

"아무리 최선을 다해도
결과는 나쁠 수 있지.
그래도 너무 실망하지 말자.
다음 경기가 또 있으니까."

"저렇게 자기 몸이 다쳤으면서도

열정적으로 경기를 펼치는 선수에게
네가 한마디 전할 수 있다면,
어떤 말로 응원하고 싶니?"

"2:0으로 지고 있다가
우리가 두 골을 넣었을 때,
기분이 어땠어?
맞아, 포기하지 않으면
결국 기회를 잡을 수 있지."

"판정에 때론 불만이 생길 수도 있어.
모든 상황이 공평한 건 아니니까.
하지만 너무 마음 쓰지 말자.
우리의 좋은 기분까지 망치게 되니까."

"아이와 밤늦게까지 TV를 보는 게 좋을까요?", "굳이 이런 것 하나하나 의미를 부여해서 대화를 나눠야 하나요?"라고 묻는 부모님도 있습니다. 맞아요, 모두 좋은 생각에서 나온 질문이죠. 하지만 이렇게 생각해보면 어떨까요? TV를 꼭 늦은 밤에 같이 봐야 대화를 나눌 수 있는 것은 아닙니다. 다시 보기를 통해서도 나중에 얼마든지 볼 수 있고, 하이라이트로 시청할 수도 있죠.

또 하나 정말 중요한 것은 부모와 아이가 함께 경험한 내용은 세월이 아무리 흘러도 쉽게 잊히지 않는 소중한 추억이라는 사실입니다. 한마음으로 누군가를 응원하며 시간과 공간을 함께 즐겼다는 사실보다 근사한 경험은 없죠. 그럴 때 서로에게 묻고 답하는 말들은 아이의 지적 성장과 발달에도 큰 도움이 됩니다.

"이번 경기에서 어떤 부분이 가장 좋았어?"

"그렇게 생각한 이유가 뭐야?"

"엄마는 이 부분이 좋았는데,
너는 어땠니?"

"아빠라면 저 상황에서 이렇게 했을 텐데,
너라면 어떻게 했을 것 같아?"

이렇게 자연스럽게 대화를 나누며 '축구 경기'라는 한 권의 살아있는 책을 읽은 소감과 느낌을 서로에게 전달할 수 있습니다. 느낌을 나누며 자기만의 책 제목을 정할 수도 있고, 내용을 차근차근 분석하는 힘도 기를 수 있으며, 그렇게 생각한 것을 통해 삶에 적용할 무언가를 발견할 수도 있죠. 때로는 손에 책을 잡고 읽는 것보다 이렇게 부모와 함께 응원하며 경기를 보는 것이 더욱 효율적인 읽기가 될 수 있습니다.

이와 반대로 한국 축구팀과 가나의 경기를 '졌잘싸'라고만 말한다면 어떤 일이 일어날까요? '졌잘싸'라는 표현은 아이의 것도 아니고 그렇다고 부모의 것도 아닙니다. 세상이 만들어낸 편리한 표현일 뿐입니다. 편리한 이유가 뭘까요? 스스로 생각하지 않아도 경기에 대해서 나름대로 표현을 할 수 있게 해주기 때문입니다. 하지만 이런 식의 표현은 2시간 동안 치열하게 응원한 기억을 바로 사라지게 합니다. 스스로 생각한 내용을 중간중간 메시지로 남겨 정리하지 않으면, 기억과 영감은 바로 사라지기 때문이죠.

이런 대화가 중요한 이유가 바로 여기에 있습니다. 부모의 말을 통해서 아이가 앞으로 만날 게임이나 유튜브 등 온갖 종류의 영상을 이전과는 다른 시각으로 시청할 수 있기 때문입니다. 보이는 대로 아무런 생각 없이 영상을 접하던 시절에서 벗어나, 중간중간에 녹아 있는 각종 메시지를 나름대로 찾아서 자기만의 생각으로 소화하게 되는 거죠. 놀라운 기적이 아닐 수 없습니다. 이전까지는 영상을 보며 시간을 버리는 수준이었지만, 이제는 본격적으로 시간을 쌓는 수준으로 도약한 것이기 때문입니다.

"세상을 바라보는 아이의 시각을 바꾸면,
아이가 만날 수 있는 세상의 수준이 달라집니다."

· 10일 ·

# 자신감을 잃지 않고 늘 당당하게 말하는 아이로 키우는 믿음의 말

학원이나 유치원 혹은 학교에서, 아이들은 이런 고민을 합니다.

'공부도 잘하고 싶고

발표도 멋지게 하고 싶고

친구들 사이에서 인기도 얻고 싶고

글도 잘 쓰고 싶고

선생님에게 인정도 받고 싶다!'

하지만 원하는 것을 얻은 아이는 매우 소수죠. 많은 아이들이 원하는 것을 얻지 못하고, 결국 이렇게 고민을 토로합니다.

"사람들이 내 능력을 몰라줘요!"

"나도 잘할 수 있는데!"

"왜 나만 몰라주는 거야!"

표현의 방식은 다르지만 선생님이나 친구들이 자신의 능력을 몰라준다며 투정을 부리는 아이가 많습니다. 그 나이 때 자주 일어나는 일이죠. 그럴 때는 이런 이야기를 들려주면 좋습니다.

"그래, 많이 답답하겠구나.
네 능력이 '10'이라고 치자.
그럼 친구들이 어느 정도로
알아주는 것 같아?"

그럼 아이들은 자신의 생각을 이렇게 숫자로 정리해서 답하겠죠.

"음, '5' 정도만 알아주는 것 같아요."

그럼 다시 이렇게 답해주세요.

"그래? 그럼 너에게 좋은 일인데.
네 능력이 '10'이나 되는데 친구들이

겨우 '5' 정도로만 생각하고 있다면,
앞으로 네 남은 능력을 보여주면서
친구들을 놀라게 할 일만 남은 거잖아?"

그리고 마지막으로 이런 이야기로 정리해 주세요.

"이렇게 생각해보면 이해가 쉽지.
만약 친구들이 네 능력이 '10'인데
'20' 정도라고 생각하고 있으면,
그건 앞으로 실망할 일만 남은 거지.
능력 이상을 보여줄 수는 없으니까,
매일 불안하고 초조할 거야.
그런데 너는 이제 보여줄 일만 남았으니,
오히려 희망만 가득한 거잖아."

이렇게 뭐든 보기 나름, 생각하기 나름입니다. 게다가 아이들 능력은 대부분 비슷합니다. 그래서 더욱 스스로의 능력을 믿고 자신감을 갖는 게 중요하죠. 자신감만 잃지 않는다면 아이들은 언제든 자신의 능력을 꺼내 세상에 보여줄 수 있으니까요. 그럼 늘 당당하게 말할 수 있고, 자존감 높은 아이로 자라날 수 있습니다. 이런 대화를 통해 아이가 자신의 가치를 알게 해주세요.

"모르는 게 많아서 얼마나 좋아.
앞으로 알 일만 남았으니까."

"아무도 자신의 내일을 알 순 없어.
분명한 사실은 오늘 최선을 다하면
내일은 그만큼 좋아진다는 거야."

"'나는 모른다'라고 말한다는 건
생각보다 가치 있는 선택이야.
생각하지 못했던 사실을 알게 되니까."

"물컵에 물이 반이나 남았네"라는 메시지를 아이에게 그대로 전하는 건 쉽지만, 일상에서 다른 사례로 같은 메시지를 전하는 건 참 쉽지 않죠. 그런 말이 바로 떠오르지 않기 때문입니다. 그래서 주어진 모든 상황에서 아이가 더욱 자신감을 잃지 않고 단단한 내면의 소유자로 살아가기를 바란다면, 위에 소개한 '믿음의 말'을 아이와 함께 낭독하고 필사하면서 이 말에 익숙해지도록 노력하는 게 좋습니다. 내면에 계속 쌓다 보면 자유롭게 응용할 수 있는 날이 찾아옵니다.

• 11일 •

# 아이가 바르고 예쁜 말을 할 수 있게 도와주는 15가지 사랑의 말들

거친 말을 습관처럼 내뱉는 아이 입에서 예쁜 말이 나오게 만드는, 세상에서 가장 확실한 방법이 하나 있습니다. 뭘까요? 바로 부모가 먼저 아이에게 예쁜 말을 건네는 것이죠. 부모에게 사랑의 언어를 전해 들은 아이는 다시 부모에게 예쁘게 웃으며 사랑의 언어를 전하게 됩니다.

아이에게 습관처럼 해주면 좋을 15가지 사랑의 말을 소개합니다. 입에 붙어서 계속 나올 수 있게 낭독하시면 더욱 좋습니다.

1. "와, 정말 멋지다!
   이런 일도 할 수 있구나."

2. “바로 그게 네 장점이야!”

3. “잘 안 될 수도 있어.
미리 너무 걱정하지 말자.”

4. “네 덕분에 우린 늘 행복해.”

5. “미움과 슬픔은 너랑 어울리지 않아.
늘 좋은 마음만 기억하자.”

6. “널 보고만 있어도 기분이 좋아.”

7. “언제나 하고 싶은 말을
당당하게 하는 네가 자랑스러워.”

8. “우리, 작은 행복을 놓치지 말고 살자.”

9. “남의 평가에 크게 신경 쓰지 마.
너는 너대로 빛나니까.”

10. “작은 일도 정성을 다하면 크게 되지.”

11. “많이 힘들었지?
엄마 아빠가 너 노력한 거 다 알고 있어.”

12. “요즘에는 어떤 좋은 일이 있니?”

13. “우리 아가는
웃는 모습도 참 예쁘네.”

14. “와, 아주 잘하는데! 멋지다!”

15. “잘해도 되고 못해도 괜찮아.
결과와 상관없이
넌 내 소중한 딸(아들)이니까.”

처음에는 익숙하지 않아도 습관처럼 반복하면 어느새 '나의 언어'가 됩니다. 어렵다고 생각하지 마세요. 할 수 있다고 생각하면 언제든 가능합니다. 그러니 언제든 꺼내 아이에게 들려줄 수 있게 사랑의 말들을 낭독하며 마음에 담아주세요.

4장

# 실패에 흔들리지 않고 도전하는 아이로 키우는 대화 11일

• 1일 •

# 실수를 저지른 아이에게 필요한 건 비난이 아닙니다

아이가 만약 실수로 옷에 물감을 쏟았다면, 어떻게 말하는 게 가장 좋을까요?

"너, 내가 위험하다고 몇 번이나 말했지!"

"그것 봐라! 엄마가 하는 말 듣지 않더니!"

"아무튼 너는 혼나야 정신을 차리지!"

아이가 실수를 했을 때 가장 중요한 것은 상황에 대한 냉정한 비난이 아니라 '친절한 안내'입니다. 수없이 실수해도 수없이 안내해야 합니다. 그 시절 우리의 부모님이 반복해서 실수하던 우리에게 그랬던 것처럼 말이죠. 실수를 저지른 건 혼날 일이 아닙니다. 수정하고 또 수정해서 고치면 됩니다. 상황을 정확히 분석해서 다음에는 실수하지 않도록 이렇게 안내하는 거죠.

"물감으로 그림을 그릴 때는 조심해야 하는데.
다음에는 앞치마를 입고 그림을 그리는 게 좋겠다."

물론 이미 그렇게 몇 번이나 안내한 상태일 수도 있어요. 그래서 아무리 착하고 내면이 강한 사람도 아이와 조금만 함께 있으면 달라집니다. 제어할 수 없을 만큼 분노가 치밀어 오르고 자꾸 화낼 일만 반복해서 생깁니다. 늘 예쁘고 좋은 말만 하기도 힘들고, 알고 있지만 자꾸 화를 내게 되죠.

아이가 실수를 했다는 것은 혼나야 하는 게 아닌, 더 많은 안내가 필요하다는 사실을 의미합니다. 부모의 답답한 마음도 좀 알아달라고 말씀하시지만, 시간이 조금 지난 후 돌아보면 알게 됩니다. 있는 그대로 화를 내는 것보다는, 비록 답답하지만 그래도 또 한 번 실수하지 않도록 안내의 말을 들려주는 것이 오히려 내 마음 편해지는 선택이라는 사실을요. 물론 바닥을 닦고 빨래를 하면서 분노가 올라오죠. 그러나 그때 만약 이 사실을 기억한다면, 분노가 당신을 집어삼키려고 입을 벌릴 때 무사히 피해서 안전한 곳에 머물 수 있을 겁니다.

내가 지금 화를 내면 아이는 이런 생각에 슬퍼집니다.
'나는 부모님의 화풀이 대상에 불과하구나.'
하지만 아이에게 화를 내지 않고 말한다면,
아이는 세상에서 가장 멋진 사실을 깨닫게 되죠.
'화를 스스로 제어할 수 있는 사람은 참 행복하구나.'

화를 내지 않고 말하는 모습을 보고 자란 아이는 분노하지 않고 품위 있게 말하는 법을 깨닫지만, 매사에 부정적이며 분노하는 모습만 보며 자라면 같은 모습의 어른이 되어 살아갑니다.

"부모가 지금 사용하는 언어는,
아이가 곧 사용할 언어가 됩니다."

· 2일 ·

## '분노의 자리'에서 벗어나면 실수한 아이의 마음을 이해할 수 있습니다

초등학생 시절 그만 실수로 할머니가 정말 아끼던 도자기를 떨어뜨려 깬 적이 있습니다. '아, 이거 할머니가 정말 아끼는 건데.' 걱정하고 있던 저에게 할머니는 전혀 예상하지 못했던 말을 하셨죠.

"종원아, 다치진 않았니?
괜찮아. 누구나 다 그럴 수 있어.
할머니랑 과자 사러 나가자."

저는 속으로 이렇게 생각했어요.

'비싼 도자기가 박살 났으니
화도 나시고 치워야 할 텐데,
그냥 이렇게 나가도 되는 건가?'

그렇게 할머니와 동네 슈퍼에 가서 과자를 사온 이후 한동안 실컷 먹었죠. 30분 정도 시간이 지났을 무렵, 할머니는 차분한 음성으로 이렇게 말했어요.

"종원아, 이제 우리 도자기 치우러 갈까?
네가 실수로 한 일이지만,
제대로 돌보지 못한 내 책임도 있으니,
우리 다치지 않게 조심하면서 함께 치우자."

그렇게 힘을 합쳐서 모두 치운 후, 할머니는 다시 저에게 이렇게 말하셨죠.

"오늘도 참 잘했어.
앞으로 조금만 더 조심하면 되는 거야.
할머니는 네가 늘 자랑스러워."

실수한 아이의 마음을 먼저 안아주고, 혼내는 건 나중에 하는 게 좋다. 맞아요, 모두가 알고 있는 이야기죠. 이렇게 생각하면 조금은 쉽게 할 수 있어요.

"혼내고 어지러운 자리를 치우는 건
언제라도 누구나 할 수 있는 일입니다.
하지만 힘든 아이 마음을 안아주는 일은
부모만이 해낼 수 있는 귀한 일이지요."

'분노의 자리'에서 벗어나면 '이해의 대지'에 설 수 있습니다. 그럼 아이의 자존감을 단단하게 해주는 말을 전할 수 있지요. 그래서 할머니는 도자기가 깨진 곳에서 과자를 파는 곳으로 장소를 이동한 것입니다.

누가 봐도 훌륭한 부모와 자란 아이는 단지 함께 오랜 시간을 보냈다는 그 이유 하나만으로 나머지 인생을 걱정하지 않게 됩니다. 누구도 대신 해줄 수 없는 사랑이 넘치는 시간을 보냈으며, 자신도 모르게 온갖 지성과 지혜가 마치 보석처럼 각자의 빛으로 내면에 쌓였기 때문이죠. 훌륭한 부모의 존재 그 자체가 아이의 위대한 내일을 결정합니다.

아이는 세월이 흘러 아무리 늙어도 부모에게 받은 가르침을 잊지 않습니다. 할머니가 세상을 떠난 지금도 제가 할머니의 말씀을 삶에서 실천하며 글과 말을 통해서 여전히 주변과 나누는 하루를 살고 있는 것처럼 말이죠. 부모가 가장 사랑스러운 말을 주면 아이는 가장 사랑스러운 삶을 살고, 부모가 가장 귀한 말을 주면 아이는 가장 귀한 삶을 살게 됩니다.

"부모가 어제까지 준 말의 합이 바로 아이의 오늘입니다."

• 3일 •

# 실패를 경험한 아이에게 꼭 해주어야 하는 8가지 말

혼자 무언가 집중해서 만들다가 중간에 실패하면 좌절하여 울고불고 난리를 치거나, 아예 심기가 뒤틀리고 과도하게 흥분하여 나쁜 말을 하는 아이가 많습니다. 예를 들어서 블록 쌓기를 하다가 중간에 실수로 와르르 무너지면, 아이의 멘탈도 같이 무너지며 이런 식의 폭력적인 말을 해서 부모의 마음을 놀라게 하기도 하죠.

"바닥을 때리고 싶어!"

"내 얼굴 부수고 싶어!"

"보기 싫어, 엄마 저리로 가!"

대부분 자존감이 낮아서 일어나는 현상입니다. 자신이 만든 것과 앞으로 만들어 나갈 것들에 대한 믿음과 확신이 없으니 당장 분노가

치밀어 화가 나는 거죠.

자존감이 높은 아이들은 부모에게 이런 말을 자주 듣고 자랍니다. 대표적인 말 8개를 엄선해서 전하니, 낭독과 필사, 대화에서 다양하게 활용해 주세요.

"쓰러졌으면 다시 쌓으면 되지.
자신에게 화를 낼 필요는 없어.
네가 열심히 한 시간을
아빠가 기억하고 있으니까."

"더 노력하면 멋지게 해낼 수 있어.
오히려 우리에게 좋은 일이야.
한 번 더 시도하면 더 잘 만들 수 있지."

"공부나 예절, 좋은 태도처럼
좋은 것을 일상에서 실천하려면
일단 하려는 의지가 있어야 하지.
잠자는 사람은 깨울 수 있지만,
자는 척하는 사람은 깨울 수 없어.
세상에서 가장 강한 사람은

지금 무언가를 하는 사람이란다."

"자존감을 조금 길게 풀어서 말하면,
'자신에 대한 용기'라고 말할 수 있어.
뭐든 할 수 있다고 믿는다면
뭐든 도전할 수 있고,
단단한 자존감도 가질 수 있단다.
우리는 결국 우리가 믿는 대로 되는 거야."

"'다 좋은데 이게 문제야'라는 말은
지적하려는 시선이 중심에 있어.
'문제도 있지만 이렇게 좋은 게 많아'라는 말은
격려하려는 시선이 중심에 있지.
나쁜 것만 보려고 하지 말고,
늘 좋은 것을 더 많이 찾아내자."

"주먹을 쥔 채 무언가를 잡을 순 없어.
하나를 얻으려면
반드시 하나를 버려야 하지.
우리가 생각하는 귀한 것들은

자신을 동시에 허락하지 않아.
그래서 좋은 결과는 언제나
시간과 노력이라는 선불을 요구한단다."

"다시 한번 더 해보자.
네가 다시 할 때까지,
엄마는 충분히 기다릴 수 있어."

"누구나 실수할 수 있어.
괜찮아, 흥분할 필요 없어.
충분히 일어날 수 있는 일이야."

"이 말은 아이에게 조금 어렵지 않을까요?"라고 말씀하실 수도 있습니다. 하지만 여기에 소개한 글은 모두 마음의 상태를 표현한 글이며, 마음의 언어는 지식이 아니기 때문에 모든 아이가 이해할 수 있습니다. 사랑하는 아이의 가능성을 굳게 믿고 전해 주세요.

모든 아이는 부모가 들려주는 언어의 정원에서 살아가는 아름다운 꽃입니다. 부모의 언어는 모두 아이에게 가서 아이의 삶을 결정하죠. 그래서 어릴 때부터 이런 말을 자주 듣고 자란 아이는 누구보다 단단한 자존감을 갖고 살아갑니다. 이를 통해 덜 흔들리고, 덜 방황하며, 더 깊이 세상을 깨닫고, 더 멀리까지 바라볼 시야와 안목을 갖게 됩니다. 8가지 말을 통해서 지금 그 근사한 삶을 아이에게 선물해 주세요.

· 4일 ·

## "네가 그 친구보다 훨씬 낫지"라는 말이 결국 아이를 더 좌절하게 만듭니다

"네가 그 친구보다 훨씬 낫지"라는 말은 그냥 듣기에는 아이에게 용기를 전해주는 말이라 긍정적인 효과가 있겠다는 생각이 들죠. 하지만 부모의 이 말이 아이를 망치는 이유가 뭘까요? 바로 이 말 속에는 '비교의 언어'가 숨어 있기 때문입니다. 비교의 언어는 겉으로 보기에 별 문제 없어 보이더라도 자세히 들여다보면 그렇지 않습니다. 아이가 자신의 실패와 성장에 집중하지 않고 스스로 타인과의 비교를 부추기게 만들죠.

"그 친구 키 많이 컸다니?
예전에는 네가 더 컸었잖아."

"그때 그 친구는 학원 어디 다녀?

요즘 영어 점수는 어느 정도야?"

일상에서 이런 식의 대화를 나누는 부모가 많습니다. 부모 입장에서는 "이게 무슨 문제인가요?"라고 말할 수 있습니다. 언어라는 게 이처럼 직접 듣는 입장이 되지 않으면 온전히 이해하기 어렵습니다.

하지만 아이는 부모의 그런 식의 말이 이렇게 들립니다.

"그 친구 많이 컸더라.

네가 잘 먹지 않고 운동도 안 하니까,

자꾸만 상황이 역전되는 거잖아!"

"작년에는 네가 그 친구보다

영어 점수가 높았는데!

어느 학원에 다니는지 좀 알아봐.

네가 자꾸 처지잖아!"

어떤가요? 입장에 따라 같은 말도 다르게 들릴 수 있습니다. 그래서 부모와 아이가 서로 대화를 나눌 때는 상대방의 입장을 이해하려고 노력하는 게 좋습니다. 물론 아이도 부모의 입장을 이해해야 합니다. 하지만 그걸 가르치려면 부모가 먼저 상대방을 이해한 언어가 무엇인지, 일상에서 실천함으로써 알려주는 게 좋습니다.

상대방을 이해한 언어란 무엇을 의미할까요? 맞습니다. 타인과의 비교에서 벗어나 그 사람의 성장 자체에 포커스를 맞추는 것을 말합니다. '비교의 언어'가 아닌, '성장의 언어'로 말이죠. 위에 나온 비교의 언어를 성장의 언어로 바꿔서 말해볼까요? 예를 들면 이렇습니다.

"그 친구 키 많이 컸다니?
예전에는 네가 더 컸었잖아."
→ "작년에는 엄마가 조금 내려다보며 이야기를 나눴는데,
올해는 네 키가 커서 거의 눈높이가 같아졌네.
쑥쑥 자라는 네가 대견하다."

"그때 그 친구는 학원 어디 다녀?
요즘 영어 점수는 어느 정도야?"
→ "지난주에는 이 부분을 잘 이해하지 못한 것 같았는데,
지금 문제를 푸는 걸 보니 확실히 이해한 것 같다.
꾸준히 하는 네가 멋져. 실력이 더 많이 좋아졌네."

"평균보다 작다."
"친구보다 느리다."
모든 이런 식의 말은 결국 비교에서 나온 표현입니다. 세상에 작거나 느린 아이는 없습니다. 그것 자체가 이미 비교를 통해서 나온 것이기 때문입니다. 불안한 부모의 마음은 물론 이해합니다. 하지만 불안한 마음이 상황을 나아지게 만들지는 않습니다. 차분하게 아이를

바라보세요. 여러분의 아이는 작거나 약하지 않습니다. 매일매일 조금씩 모든 부분이 나아지고 있으며, 앞으로도 그럴 것입니다. 어제보다 컸고, 단단해졌으며, 빨라지고 있죠.

비교는 아이에게 스트레스를 주고, 마음을 힘들게 만들며, 자신이라는 존재에 대한 믿음을 갖지 못하게 만듭니다. 자기 존재에 대한 믿음이 약한 아이들은 작은 실패에 쉽게 흔들리고 어려운 일에 도전하지 못합니다. 물론 사회에서 어울려 살기 위해서는 어느 정도 비교하는 삶에 익숙해질 필요도 있습니다. 하지만 어디까지나 비교는 아이 스스로의 생각으로 이루어져야지, 부모의 말을 통해 강제적으로 이루어진다면 좋은 미래를 기대하기 어렵습니다. 이렇게 반박하실 수도 있습니다.

"우리 아이는 꾸준히 공부하지 않아요."

"실제로 잘 먹지 않아서 키도 크지 않았어요."

"잘한 게 없는데 어떻게 성장의 언어를 쓰나요!"

물론 맞습니다. 충분히 그렇게 생각하실 수 있어요. 정말 어려운 부분입니다. 하지만 잘 생각해보세요. '꾸준히', '크지 않았다', '잘한 게 없다'라는 모든 표현이 정말 아이의 성장 자체에 집중한 결과인지, 아니면 결국 누군가와의 비교에서 비롯되었는지 말입니다.

'평균보다' 낮다는 두려움, '또래보다' 작고 약하다는 불안. 그게 부모님의 마음을 아프게 한다는 것도 알고 있습니다. 하지만 그럴수록 아이에게 비교의 언어가 아닌 성장의 언어를 들려주는 게 좋습니다. 모든 것은 결국 스스로 결심해서 나아져야 하니까요. 아이의 삶에 모든 시각을 집중해서 바라보면 점점 나아지고 있는 부분이 보일 겁니다. 바로 그 나아지고 있는 부분을 포착해서 아이에게 자주 이야기해 주세요. 아이는 부모 입에서 나온 성장의 언어를 가장 소중하게 생각합니다. 사랑이 아니라면 발견할 수 없는 귀한 마음이니까요.

· 5일 ·

# 실수한 아이의 마음을 다독이고 자존감을 높여주는 말들

아이는 매일 실수합니다. 그럴 때마다 부모는 분노하려는 마음을 억제하며 최대한 긍정어를 쓰려고 노력하죠. 사랑하기 때문에 좋은 말만 들려주고 싶습니다. 하지만 일상은 그렇게 호락호락하지 않습니다. 자꾸 못된 말이 나오고 그렇게 다시 후회하며 반성합니다. 어떻게 하면 부모는 덜 후회하고, 아이의 자존감은 높일 수 있을까요?

이것 하나만 기억해 주시면 됩니다.

"아이를 독립된 존재로 키울 수 있는 말을 하자."

다음에 소개하는 20개의 말은 실수한 아이의 마음을 다독여주면서도 자존감을 높일 수 있습니다. 아이와의 대화에 꼭 필요한 부모의 기본 문장이라고 생각하시며 머릿속에 저장해 주세요. 좋다는 것은 알고 있지만 아무리 들어도 실제로 써본 적이 없어서 낯선 말들일 가능성이 높습니다. 자주 써야 익숙해져서 어색하게 느껴지지 않습니다.

"아, 이제 이해할 수 있겠다.
그런 마음을 갖고 있었구나."

"잘 잤니? 기분은 어때?
오늘도 멋지게 하루를 시작하자!"

"소리치며 화만 내지 말고,
차분하게 기다려야 하는 거야."

"넌 충분히 최선을 다했어.
다음에 다시 도전해보자."

"네가 무슨 생각을 하는지
엄마는 늘 궁금해."

"모르는 건 미안한 일이 아니야.
배울 수 있는 멋진 기회란다."

"우리 그런 못된 말은 쓰지 말고,
앞으로는 좀 더 예쁜 말을 쓰자."

"네가 공공장소에서 예의를 지키지 않으면,
집으로 돌아갈 수밖에 없어."

"네가 예쁘게 말해주니까,
엄마 마음까지 예뻐진다."

"잘하는 것도 물론 좋지만,
일단 열심히 하는 게 중요하단다."

"나랑 생각이 다르구나.
그렇게 생각하는 이유가 뭐니?"

"답답한 일이 있구나.
뭐가 잘 안 돼?"

"어떻게 된 거니?
차근차근 생각하면 문제가 풀리지."

"이번에는 좀 아쉽게 됐네.
그래, 다음에 또 해보자."

"그게 안 돼서 화가 났구나.
차분하게 설명해 줘서 고마워."

"동생 때문에 많이 힘들지?
그런 일이 있었구나. 참 잘 참았네."

"아빠는 몰랐지.
그 정도로 힘들었구나."

"한번 실수했다고 실망하지 말자.
넌 결국 잘 해낼 거니까."

"에이, 아무리 밉고 힘들어도
그런 말은 하는 게 아니지."

"와, 벌써 그렇게 많이 했어?

엄마도 좀 더 노력해야겠다."

실수는 아이를 멋지게 성장하게도 반대로 나약한 존재로 만들기도 합니다. 이 모든 말이 하나도 기억나지 않는다면, 다음의 말을 생각하시며 다시 한번 더 아이 마음에 다가가세요.

"내가 아이 나이였을 때,

부모님께 듣고 싶었던 말을 아이에게 들려주세요."

• 6일 •

# 도전을 두려워하는 아이에게 용기를 불어넣는 모험의 말

아이들에게 삶은 도전의 연속이죠. 새롭게 만나는 게 많기 때문입니다. 하지만 이런 말로 도전을 시작하지 않고 매번 억지스러운 핑계로 상황을 모면한다면 지켜보는 부모의 마음이 편하지 않죠.

"에이, 내가 그걸 어떻게 하겠어?"

"엄마, 저는 도저히 할 수 없어요."

"그런 건 제 수준에 애초에 불가능해요."

어떤 아이들은 매우 활기차게 살지만, 또 어떤 아이들은 있는 듯 없는 듯 존재를 확인하기 힘들게 지내죠. 물론 혼자 있는 시간도 중요합니다. 하지만 중요한 조건이 하나 있어요. 스스로 선택한 혼자이어야 합니다. 주눅 들어서 어쩔 수 없이 선택한 구석에서는 '자기만의 구석'을 찾을 수가 없어요. 아이에게 이런 이야기를 자주 들려주며, 힘껏 용기를 불어넣어 주세요.

"도전하지 않으면 무엇도 얻지 못하지.
모험이 없다면 인생은 아무것도 아니야."

"실패와 좌절은 별로 중요하지 않아.
중요한 건 도전과 모험을 통해
자기 생각을 세상에 남길 수 있다는 거야."

"겁쟁이는 도전하는 사람을 보며
무모한 사람이라고 말하지만,
세상은 무모한 사람들의 모험을 통해
더욱 발전하고 나아지는 거란다."

"한 번도 실패한 기억이 없다는 것은
한 번도 도전한 적이 없다는 것과 같지."

처음부터 소심한 성격을 타고난 아이는 없어요. 중요한 건 언제나 부모의 말입니다. 도전과 변화를 당연한 것이라 생각하시고, 이런 마음에서 나온 말을 자주 들려주세요.

"어리석은 사람들은 모험을 시도하는
사람들을 보며 무모하다고 생각하지만,
사실 정말 무모한 사람은 오히려
모험을 시도하지 않고 현실에 안주한 사람입니다."

· 7일 ·

# 같은 잘못을 반복하는 아이에게 들려주면 좋은 부모의 말

아이들은 왜 같은 잘못을 반복하는 걸까요? 왜 방금 전에 저지른 실수를 또 반복하는 걸까요? 자꾸 눈치를 보기 때문입니다. 단지 혼나지 않기 위해서 하는 모든 시도는 결국 같은 실수를 부를 뿐입니다. 아무리 많이 반복해도 아이는 '또 혼나면 어쩌지?'라고 생각합니다. 이렇게 눈치만 본다면 성장하기는 힘들죠.

"또또또, 질질 흘리면서 먹네!

그러면 혼난다고 했어, 안 했어!"

이런 방식으로 하는 모든 말은 결국 아이를 실수에 길들여지게 만들 뿐입니다. 실수하고 혼나는 장면을 반복하면서, '나는 절대로 잘할 수 없는 사람이야'라는 인식을 갖게 되죠. 부모의 의도와는 전혀 다르게 불가능을 모르는 아이가 아니라, 희망과 가능성을 모르는 아이로 자라게 되는 겁니다.

방향을 바꿀 필요가 있습니다. 혼내는 방식으로 접근하는 '불가능의 언어'에서 벗어나, 아이만의 방법을 찾아주는 '가능성의 언어'에 접속해야 합니다. 어렵지 않습니다. 어떤 상황에 있든지 이런 생각으로 접근하면 쉽게 그런 언어를 찾아낼 수 있어요.

'어떻게 하면 우리 아이에게 희망을 줄 수 있을까?'

'이 상황에서 용기를 주려면 어떻게 말해야 할까?'

'가능성을 깨우는 말을 하려면 어떻게 해야 하지?'

그럼 평소에 했던 말을 이렇게 바꾸게 됩니다.

"또또또, 질질 흘리면서 먹네!
그러면 혼난다고 했어, 안 했어!"
→ "이번에는 조금 덜 흘렸네.
다음에 조금만 더 조심하면
흘리지 않고 먹을 수 있을 거야."

"주위를 신경 쓰지 않고 걸어가니까,
자꾸 넘어져서 다치는 거잖아!

걸어갈 때는 제발 앞을 보라고!"

→ **"한 발 한 발 주의를 기울여 걸어가면**

**곧 다치지 않고 걸어갈 수 있을 거야."**

"또 틀렸네, 또 틀렸어!

정신 똑바로 차려라.

뭘 봐, 빨리 다시 해!"

→ **"다시 한번 더 해보자.**

**그럼 더 잘할 수 있을 거야.**

**괜찮아. 시도했다는 게 멋진 일이지."**

다음과 같은 말은 아이에게 불가능을 가르칠 뿐입니다.

"내가 너 그럴 줄 알았다!"

"도대체 몇 번을 말해야 하니!"

"거봐라, 내가 조심하라고 했지!

이번에 또 말하면, 딱 백 번이야!"

같은 말이라도 이렇게 말하는 게 좋죠.

"내가 너 그럴 줄 알았다!"

→ **"이번에도 정말 많이 좋아졌어."**

"도대체 몇 번을 말해야 하니!"

→ **"몇 번만 더 하면 완전히 달라지겠어."**

"거봐라, 내가 조심하라고 했지!
이번에 또 말하면, 딱 백 번이야!"

→ **"좀 더 조심하면 멋진 결과가 나올 거야."**

부모 마음은 같아요. 아이들이 제대로 살지 못할까 봐, 제 역할을 하지 못할까 봐, 친구들 사이에서 뒤떨어질까 봐, 자꾸만 화를 내고 실수에 부정적으로 반응하게 됩니다. 자꾸 실수하는 게 짜증이 날 때도 있지만 그럼에도 희망을 품고 다시 지켜볼 수 있는 이유는, 부모 마음과 눈빛 안에는 분노보다 아이가 잘되기를 바라는 사랑이 가득하기 때문입니다. 그 사랑을 믿으세요. 그럼 아이도 그 기대에 최선을 다해 부응할 겁니다.

· 8일 ·

## 이런 말을 듣고 자란 아이는 평생 자신을 불신하게 됩니다

"어릴 때는 그렇게 고분고분하더니
이제 사춘기라서 말을 더 안 듣네!"
"점점 더 상황이 나빠지고 있어.
난 저 녀석한테 두손 두발 다 들었어.
자기가 뭐라도 되는 줄 아나!"
"성격이 내성적이라서 그런지,
도무지 학교에서 발표를 못하네!
앞으로 어떻게 살아가려고 그러는지."

수많은 부모가 다른 사람들에게 아이에 대한 부정적인 평가를 들려주죠. 아이를 앞에 세워 놓고 말이죠. 한번 곰곰이 그 장면을 상상해보세요. 아이는 어떤 생각이 들까요? 답답한 부모의 마음, 그렇게라도 아이를 바꾸려는 의지, 아마도 그건 아이도 알고 있을 겁니다. 하지만 아이는 자신이 가장 믿고 사랑하는 부모의 입에서 나온 자신에 대한 나쁜 이야기가, 잘 모르는 다른 사람들의 귀에 들어가는 모습을 보면서 이런 생각을 하게 됩니다. 그 생각의 흐름을 간단하게 나열하면 이렇죠.

**1. '와, 내가 앞에 있는데 나를 무시하네.'**

↓

**2. '꼭 다른 사람들 앞에서 그래야 하나.'**

↓

**3. '부모님은 왜 늘 내 가장 부정적인 부분만 볼까.'**

↓

**4. '혹시 나에게는 좋은 부분이 없는 걸까.'**

이런 생각을 거치며 아이는 자기 존재의 가치를 잃고, 평생 자신을 불신하는 사람으로 살게 됩니다. 사실 부정적인 평가를 듣고 자란 아이가 그렇게 되지 않는 게 더 이상한 일이죠. 아이는 자신이 받은 것만 삶에 쌓을 수 있으니까요.

아이가 믿을 사람은 부모가 전부입니다. 그런데 그 전부라고 믿는 사람이 다른 사람들 앞에서 가장 숨기고 싶은 부분을 설명하고 있다면 얼마나 고통이자 슬픔일까요. 여러분이 만약 그렇게 하고 있다면, 지금이라도 그 사실을 인식하며 바꿔야 합니다.

물론 아이가 잘못할 때나 실수할 때, 바로 잡아주는 부모의 말은 필요합니다. 그것 역시 부모의 역할 중 하나이니까요. 다만 그때 다음에 소개하는 4가지 사실을 꼭 기억해 주세요.

① 아이를 부족한 사람이라고 생각하지 않는다.

② 사람들 앞에서는 좋은 부분을 언급한다.

③ 고쳐야 할 부분은 둘만의 공간에서 말한다.

④ 한 번 혼내고, 두 번 칭찬한다.

아이가 보는 앞에서 다른 사람에게 늘 아이의 가장 못난 부분만 들춰 분노의 언어로 비판하는 것은, 아이에게 이렇게 말하는 것과 같습니다.

"넌 정말 나쁜 아이야.
부족한 게 너무 많아서 실망이야.
이런 너를 왜 키우는지 모르겠다."
"내가 너를 왜 낳았는지 모르겠다.
차라리 다른 집 애들을 키우고 싶네."

어떤가요? 그저 글을 읽는 것만으로도 기분이 나빠지시죠? 아이 마음은 어떨까요? 분노가 내면을 가득 채울 겁니다. 그래서 더욱 부모는 이 사실을 알아야 합니다. 아이를 혼내는 것과 아이를 무시하는 건 달라요. 부모에게 필요한 말은 무시의 언어가 아닙니다.

위에 소개한 4가지 원칙을 기억해 주세요. 그래야 지혜롭게 아이를 혼낼 수 있고, 아이는 자신을 믿고 성장하는 사람으로 자랄 수 있습니다.

"부모가 아이를 가볍게 대하면
아이는 자신을 가벼운 존재로 인식하고,
부모가 아이를 무시하면
아이는 자신의 존재를 무시하게 됩니다."

· 9일 ·

# 주어진 환경을 극복하며 자기 삶을 사는 힘

"에이, 나는 이렇게 살아갈 운명이구나!"

"우리 사정에 내가 뭘 더 바라겠어!"

집안 사정이 좋지 않거나 힘들다는 이유로 이렇게 생각하고 말하며 운명을 탓하는 사람이 있죠. 그런데 과연 운명이 그 사람의 삶을 결정하는 걸까요?

세상에는 사람들이 생각하는 것보다 훨씬 강력한 삶의 에너지가 하나 있습니다. 그건 바로 '가능성을 믿는 마음'입니다. 단지 우리가 그걸 발견하지 못하는 것뿐이죠. 앞으로는 네 자신에게 좀 더 관심을 기울여보라고 아이에게 말해주세요.

"나는 할 수 있다"라는 말은 누구나 쉽게 할 수 있는 흔한 말이라고 생각할지도 모릅니다. 하지만 단지 그런 식의 생각에 그치는 것과 정말 그렇게 말함으로써 자신의 가능성을 발견하는 것은 완전히 다른 차이를 이끌어내죠. "나는 할 수 있다"라고 정말로 말할 수 있는 사람만이 주어진 환경을 극복하고 자신이 믿는 대로 살아갑니다. 아이에게 가능성을 믿는 마음을 이렇게 선물해 주세요.

"새는 어떻게 하늘을 날 수 있는 걸까?
너무 쉬운 질문이라고 생각하니?
보통은 날개가 있어서 가능하다고 말하지.
하지만 이렇게 생각하면 어떨까?
새는 날개가 있어서 날 수 있는 게 아니라,
날 수 있다고 생각해서 날 수 있는 거라고."

"이제 가능성이라는 날개를 쫙 펴고,
네가 스스로 자기 삶의 주인공이 되는 거야.
세상에 운명이란 존재하지 않아.
너는 네가 살고 싶은 하루를 살면 되는 거야.
그렇게 살 때 비로소 진정한 행복을 느끼게 되지."

어떤 일을 시작하든 가장 먼저 해야 할 일은 그 일에 대한 기대를 갖는 것입니다. "이번에도 꼭 잘될 거야"라는 기대가, 그 일이 가질 가능성의 크기를 결정하기 때문이죠. "내가 잘할 수 있을까요?", "나는 못할 것 같아요"라고 말하는 아이에게 "넌 할 수 있단다"라고 말해 보세요.

"자신을 향한 기대는
사라지지 않는 자산이 됩니다."

• 10일 •

## “나는 할 수 없어”라고 하는 아이에게는 이런 말을 들려주세요

심하게 말을 더듬는 아이가 있었습니다. 스스로도 말을 더듬고 있다는 사실을 알게 되니, 자연스럽게 그 아이는 남들 앞에서 말하는 걸 꺼렸죠. 수업 내용이 궁금해도 더듬는 자신이 부끄러워 손을 들어 질문을 하지 못했고, 당연히 발표는 꿈도 꿀 수 없을 정도로 자존감이 낮았습니다. 그러던 아이에게 놀라운 변화가 시작된 건, 국어 시간에 선생님에게 들었던 한마디 덕분이었습니다.

그날도 마찬가지였습니다. 일어나서 교과서를 읽는 내내 아이는 어제처럼 더듬었죠. 선생님은 그 모습을 유심히 관찰하더니 정성껏 쓴 메모를 아이에게 건넸습니다. ‘선생님이 화가 나셨나?’, ‘내가 말을 더듬어서 선생님도 내가 싫은 건가?’ 아이는 집으로 돌아와 불안한 마음으로 메모를 펼쳐보았습니다. 좋은 이야기는 적혀 있지 않을 것 같아서, 가슴이 콩닥거렸죠. 하지만 짐작과는 전혀 다른 내용에 아이는 오히려 환하게 웃었습니다.

"네 목소리는 누구보다 포근하고
신뢰가 가는 음성이라는 사실을 알고 있니?
다만 목소리에 약간 떨림이 있는데
그 떨림만 조절하면, 멋진 아나운서가 될 수 있을 거야.
선생님은 그렇게 믿어."

보통의 어른들은 아이에게 이런 조언만 했었죠.
"용기를 내서 말을 해봐!"
"너도 더듬지 않을 수 있어!"
"천천히 또박또박 읽으면 돼!"
하지만 이런 모든 조언은 그 밑에 다음의 사실을 깔고 있는 것이라, 아이에게 큰 도움이 되지 않았습니다.
"넌 말을 더듬는 아이야!"
하지만 선생님은 아이의 목소리에서 다른 것을 보았습니다. 실제로 그 아이는 선생님 말씀에 힘을 얻어 심각한 말더듬증을 스스로 이겨내고, 마침내 진짜로 멋진 아나운서가 되어 방송계를 누비고 있습니다.

아이에게 무언가 부족한 부분이 있어 용기를 내지 못하고 늘 불안한 상태로 지낸다면 아래에서 소개하는 말을 자주 들려주고, 낭독과 필사로도 나누어주시면 좋습니다.

"말은 사람에게 좋은 마음을
전하기 위해서 있는 거야."

"우리 어디 한번
같이 시도해볼까?"

"와, 이제는 네가
이런 일도 할 수 있구나!"

"모르는 것을 물어볼 용기를 내면,
새로운 것을 아는 희망을 만날 수 있지."

"남의 비웃음에 신경 쓸 필요는 없어.
그가 비웃었다고
네가 우스워지는 건 아니니까."

"시작을 네가 결정하면
마무리도 네가 결정할 수 있지."

아이가 잘하지 못하거나 여러 번 실패했다고 생각했던 일에서 가능성을 본다는 건 이처럼 아름답고 귀한 일입니다. 하지만 그게 참 쉽지 않죠. 늘 단점만 눈에 보이고, 당장 그걸 고쳐주고 싶은 욕망만 하늘을 찌르기 때문입니다. 자신의 실수나 실패, 잘하지 못하는 일에 집중하기보다 단점을 극복하고 어떤 일에든 도전하는 아이로 키우기 위해서는 부모님이 먼저 아이의 가능성을 보아야 합니다. 다음 3가지 질문을 기억해 주세요.

1. 아이만의 잘하는 지점은 어디에 있는가?
2. 단점이 장점이 되려면 어떻게 해야 하는가?
3. 아이에게 진짜 필요한 말은 무엇인가?

만약 선생님이 다른 어른들처럼 "언제까지 그렇게 더듬을 거야? 천천히 읽으면 된다니까. 자신감을 갖고 다시 읽어보자!"라고 말했다면, 아나운서가 되어 자기 목소리를 전하며 살아가는 그의 모습은 현실이 될 수 없었을 겁니다. 한마디 말이 주저앉은 아이를 일으켜 세울 수도 있고, 반대로 있는 재능과 장점까지 사라지게 만들 수도 있죠. 다시 말해서 모든 부모는 매일 아이를 빛낼 좋은 기회를 갖고 있는 셈입니다.

"부모의 말로 아이의 삶은
더욱 빛날 수 있습니다."

• 11일 •

## 좋은 '격려'는 어떤 칭찬보다도 힘이 셉니다

보통 칭찬을 좋다고 생각해서 아이들에게 자주 해주려고 노력하죠. 그런데 칭찬보다 더 좋은 도구가 하나 있어요. 바로 '격려'입니다. '그게 그거 아닌가? 뭐가 다르지?'라고 생각할 수도 있습니다. 하지만 깊이 생각해보면 그 차이점을 찾을 수 있습니다. 한번 생각해보세요. 그렇습니다. 바로 칭찬이 어떤 결과에 대한 생각을 표현한 것이라면, 격려는 아이의 시작이 끝까지 갈 수 있게 과정을 빛내는 것이기 때문입니다. 다시 말해 칭찬이 '결과'의 언어라면, 격려는 '과정'의 언어라고 생각할 수 있죠.

그래서 부모에게서 좋은 격려를 받고 자란 아이들에게는 이런 특징이 있죠.

① 뭐든 스스로 해낼 수 있다고 생각한다.

② 늘 좋은 결과를 머릿속에 그리고 있다.

③ 사람과 사물의 장점을 빠르게 발견한다.

④ 핑계로 상황을 회피하지 않고 책임진다.

⑤ 스스로 공부할 이유를 찾아낸다.

위의 장점을 모두 가진 아이로 키우려면 어떻게 해야 할까요? 아래에 주어진 3가지 말은 언뜻 보면 비슷한 표현이지만, 그 성격과 말이 가진 힘은 매우 다릅니다. 천천히 읽어보죠.

### 1. "그게 잘될까?"

가장 부정적인 표현입니다. 물론 무언가를 분석하며 성공 가능성을 높이려고 할 때는 필요할 수도 있어요. 하지만 이제 막 도전과 공부를 시작하는 아이에게는 맞지 않는 표현입니다.

### 2. "잘될 거야."

언뜻 보기에는 긍정적인 표현이라고 생각할 수도 있어요. 하지만 이것 역시 반대로 해석하면, 현실은 잘되지 않고 있다는 의미입니다.

1번보다는 낫지만, 아이들에게 잘 맞는 표현은 아니지요.

### 3. "잘되고 있어!"

이 표현이 가장 효과적으로 아이를 격려할 수 있는 말입니다. 스스로 선택한 일에 대한 확신을 갖게 되면서도 가장 좋은 미래를 선명하게 그릴 수 있어, 과정을 통해 앞을 볼 수 있게 만들기 때문이죠.

물론 이런 질문을 하시는 부모님도 계실 겁니다.
"우리 아이는 정말 잘하고 있는 게 하나도 없는데,
잘되고 있다고 말해도 되는 건가요?"
"격려할 게 전혀 없는 아이들에게도
억지로 격려를 해야 하나요?"

하지만 그럴수록 오히려 아이의 사소한 것 하나라도 발견해서 "잘되고 있어!"라고 더욱 격려해야 합니다. 그게 바로 '격려'가 필요한 이유이기 때문입니다. 사실 현재 이미 잘하고 있다면 굳이 잘한다는 격려가 필요하지 않겠죠. 알아서 잘하는 아이에게는 굳이 격려가 필요하지 않습니다. 또한 현재 뭐든 대충 하는 아이들은 그간 격려를 받지 못하고 냉정하게 평가만 당해서, 그 결과 잘하려는 노력을 하지 않는 상황에 놓인 것이라 더욱 격려가 필요합니다.

아이와 함께 지내는 일상에서 이런 자세로 접근하면, 효과적으로 아이를 격려할 지점을 발견할 수 있습니다.

"우리 아이는 내성적이라,
사람들 앞에 나가지 못해요."
→ "우리 아이는 혼자 있는 시간을
무엇보다 소중하게 생각해서,
조용히 무언가를 하는 걸 좋아하죠."

"우리 아이는 성격이 급하고 예민해서
집중이 필요한 일은 못해요."
→ "우리 아이는 뭐든 빠르게 처리하고
또 감각이 매우 발달되어 있어서,
동시에 다양한 일을 할 수 있죠."

이런 식으로 시각을 바꿔보세요. 그리고 추가로 아이와의 일상에서 아래에 제시한 격려의 기본 말을 적절히 활용해 주시면 됩니다. 꼭 암기하셔서 머리와 마음에 담아 주시길 바랍니다.

"잘되고 있어."

"좋은 일만 생기고 있어."

"이제 거의 다 됐어."

"점점 나아지고 있어."

"오늘도 좋은 소식만 들리고 있어."

"앞으로 잘될 일만 남았어."

두 개의 예문에서 확인한 것처럼, '아이의 단점'이 아닌 '아이의 좋은 부분'을 보려는 의지만 갖고 있으면 누구나 쉽게 격려할 지점을 발견해 이렇게 적절한 말을 들려줄 수 있습니다. 위에 소개한 격려의 언어까지 잘 활용해 주시면 아이의 모든 과정을 빛낼 좋은 격려를 하실 수 있습니다.

5장

# 독립적이고 사회성 높은 아이로 키우는 대화 11일

· 1일 ·

# 부모에게 의존하는 아이를 바꾸는 독립의 말

부모를 사랑하는 것과 의존하는 것은 매우 다릅니다. 사랑은 혼자 있어도 자신의 마음을 차분하게 유지할 수 있게 해주지만, 의존하려는 마음은 자신을 혼자 있게 두지 못하니까요. 간혹 아이가 부모를 너무 사랑해서 떨어지지 않는다고 생각하는데, 그건 착각입니다. 아이가 품고 있는 마음을 제대로 알아야 하죠. 부모가 이 사실을 먼저 깨달아야 의존적으로 행동하는 아이에게 독립이라는 선물을 줄 수 있습니다. 혹시 지금 여러분의 아이가 이런 행동을 보이고 있다면 더욱 집중해서 읽어주세요.

잠시만 외출하려고 해도 칭얼거리며 매달리는 아이

떨어져 있는 시간을 잠시도 견디지 못하는 아이
누구에게 맡겨도 다시 간절히 부모를 찾는 아이

생각보다 이렇게 부모와 잠시도 떨어지지 못하는 아이가 많이 있습니다. 늘 아이와 함께 있는 것도 좋은 일입니다. 하지만 부모에게도 개인의 삶이 있고, 앞서 말한 것처럼 의존은 사랑이 아니며, 육아의 끝은 결국 독립이기 때문에 이럴 때는 분명한 교육이 필요하죠. 게다가 이렇게 부모를 의존하는 아이를 키우다 보면 외출할 때마다 힘이 빠져서 나가기도 전에 지치게 됩니다. 옆에 붙어서 나갈 수 없게 만들기 때문입니다.

결국 화가 난 부모의 마지막 선택은 언제나 모진 말로 아이를 혼내는 것이죠. 주로 이런 말을 하게 됩니다. 아래 두 가지 예시로 든 말을 자세히 살펴보세요. 비교와 평가로 점철된 말이라는 사실을 알 수 있습니다. 이런 식의 말로는 아이를 독립시킬 수 없습니다.

"다른 아이들은 씩씩하게
혼자서도 잘 지내던데,
넌 바보처럼 왜 울어!"
"나이가 몇인데 아직도
혼자서 있지 못하니!
창피한 줄 알아야지."

그럼 어떻게 말해줘야 할까요? 부모에게 의존하려는 아이를 독립시킬 수 있는 말을 소개합니다. 다양한 사례를 통해 쉽게 적용할 수 있게 만들었으니, 아이와 나누는 일상 곳곳에서 활용해 주세요.

"엄마는 어릴 때 혼자 있는 게
정말 무섭고 두려웠는데,
엄마가 없어도 잘 노는 네가
참 자랑스럽네."

"너와 함께 있는 시간을
나도 언제나 좋아하고 반기지.
하지만 누구에게나
혼자 있는 시간이 필요하단다."

"나도 너랑 같이 있을 때가
가장 행복하고 즐거워.
그런데 오늘은 꼭 해야 할 일이 있어.
엄마가 돌아올 때까지
기다려줄 수 있겠니?"

"네가 원하는 게 생기면
언제든 그걸 말해주면 된단다.
엄마랑 아빠는 언제든 그걸 들어줄
준비를 마친 상태이니까."

"어떤 걱정도 할 필요가 없단다.
할머니가 너와 함께 시간을 보낼 거야.
아빠는 30분 후에 돌아오니까,
걱정하지 말고 놀고 있으렴."

"우리는 조금 있다가 돌아올 거야.
너도 여기에서 멋진 시간 보내렴.
각자에게 주어진 일을 하면,
그 시간이 우리에게 멋진 선물을 줄 거야."

"오늘 엄마가 없는 동안에도
차분하게 잘 지내줘서 고마워.
네 덕분에 엄마도 해야 할 일을
제대로 할 수 있었어."

"역시 우리 멋진 ○○이,
울지 않고 잘 놀고 있었네.
오늘도 네가 정말 자랑스러워."

사랑과 의존을 분명히 구분할 수 있어야 합니다. 아이가 울면서 매달리는 건 부모를 너무 사랑해서 그런 것이 아니라, 의존하려는 약한 마음 때문입니다. 마음을 강하게 먹고 위에 소개한 말을 차분하게 들려주세요. 여러분이 아이와 떨어져 있던 시간의 가치, 그리고 혼자 차분하게 부모를 기다린 아이의 독립된 시간의 가치는 모두 말을 통해 아이에게 전해주는 게 좋습니다. 그러면 아이는 모든 사람은 결국 독립하고, 누구나 혼자만의 시간이 필요하며, 그때 수많은 일을 해낼 수 있다는 사실도 알게 될 겁니다.

· 2일 ·

# 뭐든 스스로 척척 해내는 아이로 키우는 부모의 말

"우리 아이가 학교에서 잘 하고 있나요?"

"친구들이랑 관계는 원활한가요?"

"수업 시간에 집중하고 있나요?"

부모님들께서 학교나 학원에 자주 하는 질문입니다. 하지만 이런 질문이나 걱정이 필요하지 않을 정도로 알아서 척척 해내는 아이들이 있죠. 어려운 일이 아닙니다. 그게 가능한 아이에게는 마치 숨을 쉬는 것처럼 쉬운 일이기 때문이죠. 가능성이라는 그 경계를 넘어서는 게 어려울 뿐, 뭐든 할 수 있게 되면 수월해집니다.

중학교 1학년 때 할머니와 함께 식당에 갈 일이 있었습니다. 당시 식당에서는 초등학교 6학년까지 식사 비용을 정가의 50퍼센트만 받고 있었죠. 겨우 1년 차이로 식사 비용을 2배로 내야 하는 게 좀 아깝다는 생각이 들었던 저는, 할머니께 "그냥 초등학생이라고 말하고 할인을 받는 게 어때요?"라는 제안을 했습니다. 하지만 할머니는 바로 이렇게 답하셨죠.

"그럴 수는 없지. 종원아, 너는 이제 중학생이잖니."

사실 이전부터 할머니는 남을 속이거나 거짓말을 하지 않는 모습을 보여주셔서, 이번에도 역시 식사 비용을 조금 아끼려고 거짓말을 하지는 않으실 거라고 짐작하고 있었습니다. 그럼에도 그때 제가 그런 제안을 한 이유는, 뭔가 아깝다는 생각이 들기 때문이었죠. 공감하시죠? 정말 사소한 차이인데 내야 하는 돈은 2배나 되니까요. 게다가 우리 아이는 많이 먹지도 않는데.

하지만 그날 이후로 저는 그런 생각조차 하지 않게 되었습니다. 반복된 할머니의 말과 행동 덕분에 이젠 흔들리지 않고 옳은 것을 추구하게 되었기 때문입니다. 비록 이제는 세상을 떠나셨지만, 마음이 흔들릴 때마다 할머니가 들려주신 이야기가 가슴에서 울려 퍼지죠.

"종원아, 우리 자신을 속이지 말자.
주변에 아무도 없으니 괜찮다고?
너 자신이 너를 바라보고 있잖아.
아무도 없을 때 진실한 사람이

세상에서 가장 멋진 사람이지."

초등학교 이후 제 생활기록부에는 늘 이런 식의 말이 적혀 있습니다.

"언제나 오래 생각하고 행동하므로
차분하며 실수가 없습니다."

주변에서 늘 그런 이야기를 듣고 자랐죠. 물론 처음부터 그런 건 아니었어요. 할머니의 한마디 말로 천천히 그렇게 바뀌게 된 거죠. 거짓과 교활한 마음은 자신까지 속이지만, 정직과 진실은 아무런 걱정이 없습니다. 그걸 가진 아이는 누구와도 경쟁하지 않습니다. 또한, 애써 과장하지도 않고 불평도 하지 않죠. 그저 옳은 것을 실천하는 자신의 존재만으로 충분하니까요.

부모가 본보기를 보이면 놀랍게도 아이는 그걸 그대로 모방합니다. 그렇게 본보기는 모방으로 이어지면서, 아이의 삶을 하나하나 완성하죠. 모방은 말이 없는 가르침이며, 조용히 아이를 키우는 충실한 교실이라고 말할 수 있습니다. 그래서 부모의 행동은 매우 중요합니다. 오늘 보여준 부모의 행동은 미래의 어느 순간 아이의 행동으로 나타날 테니까요.

다음에 소개하는 말을 일상에서 자주 들려주시거나, 낭독과 필사로 알려주신다면 높은 자존감을 통해 뭐든 스스로 해내는 아이로 키울 수 있습니다.

"절제를 통해 얻은 것만
너에게 값진 것이 될 수 있단다."

"아무것도 하지 않고
좋은 결과를 바라는 건,
다른 사람 물건을 탐내는 것과 같아."

"열심히 노력해서 얻은 것이 아니면
곧 네 손에서 빠져나가게 되지."

"무슨 일을 하든 품위를 지켜야
너의 결과도 빛나는 법이란다."

세계적인 대문호이자 당시에 이미 5개 국어를 구사하며, 자연과학과 예술 등 다양한 분야에서 전문가 이상의 지식을 바탕으로 바이마르 공국의 재상으로까지 활약했던 괴테에게는 좋은 본보기를 보여준 부모님이 있었습니다. 그의 부모님을 만난 사람들은 입을 모아 이렇게 감탄했죠.

"지금의 괴테가 있게 된 이유를 알겠습니다!"

다양한 분야에서 활약하며 동시에 기품까지 넘치는 사람은 어렸을 때 부모에게 다른 아이들과 전혀 다른 말을 듣고 자랍니다. 부모의 말과 행동이 하나가 될 수 있다면 그 힘은 더욱 커지겠죠. 그 사실을 꼭 기억해 주세요.

"아이를 보면 부모의 과거를 짐작할 수 있고,
부모를 보면 아이의 미래를 예상할 수 있습니다."

· 3일 ·

## 들을수록 독립적인 아이로 자라나게 해주는 긍정어의 힘

맞아요. 세상을 처음 만난 작은 아이가 처음부터 모든 것을 할 수는 없습니다. 아이가 만나는 모든 세상은 처음에는 불가능한 것들투성이죠. 힘들고, 어렵고, 너무 높습니다. 그래서 아이의 삶은 불가능을 가능으로 만들어 나가는 과정으로 가득합니다.

그런 아이에게 부모의 입에서 나오는 "안 돼!", "하지 말라고!", "넌 아직 못 해!"라는 말은 매우 부정적인 영향만 미칩니다. 눈에 보이는 모든 것을 일단 부정적으로 생각하며 바라보게 되니, 생각과 삶 자체가 온통 암흑으로 채워지죠.

그게 나쁘다는 것이 아닙니다. 앞서 계속 말했던 것처럼, 중요한 건 그게 왜 불가능한지, '이유를 알려줘야 한다'라는 것이죠. 그리고 여기서 한 가지 더 나아가 '가능성'을 부여해줘야 합니다. 이 사실을 분명히 인지하셔야 합니다. 이유를 알려주지 않고 불가능만 전하는 부정어는 아이에게 나쁜 영향을 주는 거라고 볼 수 있어요.

예를 들어서 설명하겠습니다. 아이가 뷔페에서 뜨거운 국을 먹으려고 국자를 들면 여러분은 뭐라고 말하시나요? 아이가 어릴수록 이런 식의 말이 나올 가능성이 높죠. "안 돼!" 그렇게 말하면 아이는 '나는 불가능하고 못하는 사람이구나'라는 생각을 하게 됩니다. 부모를 기다려서 부모가 도와줘야 겨우 먹고 싶은 걸 먹을 수 있는 나약한 존재라고 느끼게 되니까요. 물론 위험해서 나오는 말입니다. 하지만 같은 말도 이렇게 바꿔주시면 오히려 아이에게 좋은 영향을 줄 수 있습니다.

"안 돼!"
→ "그건 좀 뜨겁지만,
네가 조금만 더 조심하면
안전하게 그릇에 담을 수 있어."

부모의 말은 크게 3단계로 나눌 수 있죠.

1. 부정어: "안 돼!"

2. 명령어: "뜨거우니까 조심해!"

3. 긍정어: "뜨겁지만 조금만 조심하면 할 수 있어."

1번은 부정어로 가장 나쁜 경우입니다. 듣는 사람에게 아무런 가치도 전할 수 없죠. 2번은 명령어입니다. 아이의 생각을 자극하지 못해서 명령만 수행하는 사람으로 만들죠. 가장 근사한 언어는 3번 긍정어입니다. 아이의 가능성을 키우며 생각을 자극하기 때문에 스스로 해낼 힘을 줄 수 있죠. 동시에 우리가 일상에서 자주 사용하는 대표적인 부정어를 이렇게 바꿔서 사용하시면 더욱 좋습니다.

"넌 아직 못 해!"
→ "우리 같이 방법을 찾아볼까?"

"하지 말라고!"
→ "그걸 가능하게 하려면,
어떻게 해야 할까?"

"네가 그걸 할 수 있을까?"
→ "좋아, 한번 해보자.
해봐야 결과를 알 수 있으니까."

일상에서 아래에 제시한 3가지 태도로 아이를 바라보면, 우리는 아이의 삶을 긍정적이고 독립적으로 바꾸어줄 수 있습니다. 동시에 생각을 자극할 수 있는 지혜로운 말도 찾을 수 있고요.

1. '된다'라는 관점에서 아이를 바라보기
2. 상황과 감정을 표현하는 말을 떠올리기
3. 할 수 있다는 가능성의 말로 마무리하기

어떤가요? "왜 이렇게 부모는 배울 게 많아!", "애들 키우기 참 힘들다." 이렇게 생각할 수도 있습니다. 하지만 여러분이 조금 힘을 내셨으면 좋겠습니다. 아이에게 좋은 말이 여러분에게도 좋은 말이기 때문입니다. 부정어나 명령어를 사용할 때 여러분의 표정과 긍정어를 사용할 때의 표정이 같을까요? 아마 완전히 다를 겁니다. 그래요, 아이에게 좋은 말이 여러분께도 좋은 말인 이유가 거기에 있습니다. 좋은 말이 나오는 입을 가진 사람의 표정은 그 말을 따라가지 않을 수 없습니다. 아이에게 좋은 말을 들려준다는 것은 자신에게 좋은 표정을 선물하는 것과 같습니다. 서로에게 아름다운 일을 굳이 하지 않을 이유가 없겠죠.

"부모의 말은 아이가 살아갈,

세상에서 가장 근사한 정원입니다."

• 4일 •

# '때찌'가 아이 성장에 최악인 4가지 이유

아이가 혼자 놀다가 갑자기 인형을 던지면서 이렇게 외칩니다.

"너 때찌할 거야!"

하려는 일이 마음대로 되지 않을 때마다, 혹은 무언가에 걸려서 넘어지거나 기분 나쁜 상황을 겪을 때마다 아이는 무언가 대상을 찾아서 던지고 때리며 "때찌!"를 연발합니다. 마치 분풀이를 하는 모습입니다.

지켜보는 부모는 걱정이 앞서죠. 갈수록 폭력적인 모습을 보이는 아이, 대체 갑자기 이러는 이유가 뭘까요? 맞아요. 얼마 전에 아이를 돌보던 부모가, 넘어진 아이가 울고 있는 광경을 보며 아이를 넘어지게 만든 작은 장난감을 손바닥으로 치면서 "우리 예쁜 아가를 울리

다니, 이 나쁜 장난감! 혼나야 해, 때찌!"라고 외친 이후에 발생한 일이죠.

부모는 별 문제가 없다고 생각하고 넘어갔습니다. 일상에서 정말 자주 일어나는 일이니까요. 아이가 어딘가에 걸려서 넘어지거나 다치면, 어떤 부모는 아이를 다치게 만든(?) 대상을 찾아 '때찌'로 혼을 냅니다. 하지만 이걸 지켜보는 아이는 어떤 생각을 할까요? 이후에 아이의 삶에서 나타나는 문제는 여러분의 생각보다 크고 심각합니다.

'때찌'라는 말을 쓰게 되면 아이는 이렇게 됩니다.

① 무슨 일이 생길 때마다 자신이 아닌 다른 대상 또는 다른 사람에게서 이유를 찾아 변명하며 책임을 전가한다.
② 나보다 작고 약한 존재는 무력을 통해 이길 수 있다는 생각을 하게 된다.
③ 모든 것이 공평하지 않고 자신만 불리한 환경에서 살고 있다고 생각하게 된다.
④ 주변 사람과 자연, 그리고 사물을 사랑할 줄 모르게 된다.

아이가 작은 장난감에 걸려 중심을 잃고 넘어져 울고 있다면, 가장 먼저 부모가 해야 할 일은 비난하며 책임을 돌릴 장난감을 찾는 게 아니라, 지금 아픈 아이의 다리를 바라보며 다가가는 일입니다. 또한 가만히 있던 장난감을 때리며 '때찌'를 하는 게 아니라, 아이의 아픈 무릎에 뽀뽀를 하거나 빰을 비비며 "많이 아프지? 조금만 참으면 나아질 거야. 어쩌니, 내 마음까지 아프네"라고 말하며 아이의 힘든 마음을 어루만지는 일이죠.

이제 본격적으로 아이가 걸려서 넘어진 작은 장난감이 나올 순서입니다. 상황을 종료하며 이런 말로 마무리를 하는 거죠. 아이의 다친 무릎을 만질 때처럼 장난감을 부드럽게 어루만지며 "많이 걱정했지? 너무 걱정하지 마. 괜찮아지고 있으니까"라고 말하는 겁니다. 어떤가요? 그림이 그려지시나요? 이렇게 단지 순서와 바라보는 시각만 바꿨을 뿐이지만, 아이의 생각은 놀랍도록 긍정적으로 바뀝니다.

그러면 순식간에 작은 장난감이 책임을 전가하며 혼낼 대상이 아니라, 나를 걱정하는 또 하나의 고마운 존재로 인식할 수 있게 되겠죠. 이를 통해서 아이는 무엇을 느끼며 배울 수 있을까요? 이 사소한 일 하나로도 아이는 정말 많은 가치를 느낄 수 있게 될 겁니다.

① 세상에는 내 아픔을 걱정해 주는 존재가 참 많구나.

② 앞으로는 내가 조금 더 주의하고 조심하자.

③ 나보다 약한 존재를 더 사랑하고 지켜줘야지.

④ 내 주변은 사랑과 기쁨으로 가득하구나.

때리고 변명하고 책임을 전가하는 아이의 인식과 삶의 태도를 바꾸는 데 필요한 건, 결코 대단한 교육적 지식과 높은 지능이 아닙니다. 단지 한마디 말만 바꾸면 언제든 가능한 일이죠. 부모가 단 한마디라도 좋은 말을 들려주면, 아이는 그 순간 느꼈던 좋은 기분을 평생 기억하고 잊지 않습니다. 정확한 표현은 잊을 수 있겠지만 그때 기분이 얼마나 좋았는지, 그 뉘앙스는 늘 마음에 품고 살죠. 그 가치를 알고 있다면 바로 실천해야 합니다. 오늘도 기적이 일어나기에 참 좋은 하루입니다.

"부모의 말은
아이에게 기적의 역사입니다."

· 5일 ·

# 버릇없고 인사 안 하는 아이,<br>왜 그런 걸까요?

우선 몇 가지 질문을 먼저 던지겠습니다. 바른 예절과 인성 교육이 잘 이루어지지 않는 이유가 뭘까요? 어린아이들에게 그런 교육은 무리라서? 아니면 교육을 철저하게 시키지 않았기 때문에? 모두 아닙니다.

이런 광경을 상상해 보죠. 부모가 초등학교에 다니는 아이와 다정스럽게 손을 잡고 동네를 산책하고 있어요. 서로 얼굴을 마주 보고 대화를 나누며 걷는 모습을 보기만 해도 절로 마음이 따뜻해집니다. 문제는 이제 시작됩니다. 어렴풋이 누군지 알아볼 수 있는 거리에서 이웃 주민이 그들을 향해 걸어옵니다. 순간 표정이 바뀐 부모는 아이에게 이렇게 주문하죠.

"인사 크게 하는 거 잊지 않았지?"

"네, 알아요. 지겹게 반복해서 말씀하셨잖아요."

그러나 부모는 여전히 긴장의 끈을 놓지 않고 고개를 숙이는 시점까지 점검하며, 아이의 소매를 살짝 잡아당기며 이렇게 외칩니다.

"자, 지금이야. 인사해!"

그렇게 거리가 좁혀지고, 아이는 부모의 주문대로 인사를 했죠. 문제는 동네 주민이 지나간 후입니다. 인사 소리가 크지 않자, 부모는 잔뜩 찡그린 표정으로 "인사는 크게 하는 거라고 했잖아. 왜 말을 듣지 않는 거야?"라고 묻습니다. 그러자 아이가 이해할 수 없다는 표정으로 이렇게 응수하죠.

"왜 저만 인사를 해야 하는 거예요? 엄마 아빠는 왜 인사 안 해요? 왜 큰 목소리로 하지 않으세요?"

약간 당황한 표정을 하고선 부모는 "그야, 우리는 매일 만나는 사이니까. 그냥 가볍게 목 인사만 하고 지나가는 거지"라고 답하며 넘기려고 합니다. 그러자 아이도 지지 않고 이렇게 응수합니다.

"저는 등교하면서, 중간에 학원으로 이동하면서, 집으로 돌아가면서 하루에 세 번 이상 만난 적도 있어요. 그런데 왜 저만 인사를 하라고 하세요."

부모가 먼저 다가가 큰 소리로 인사하면, 아이도 저절로 따라가서 큰 소리로 인사합니다. 아이 등을 찔러 앞으로 보내 인사를 시킨 후,

부모는 뒤에서 그 상황을 감시하는 것은 아이를 명령의 노예로 만드는 일입니다. 등을 찔리는 게 얼마나 사람 기분을 나쁘게 하는지, 지하철이나 버스를 타며 수차례 경험해봐서 다들 잘 아시잖아요. 더구나 아이가 명령의 노예로 사는 것은 부모보다 힘이 약하다고 생각할 때까지입니다. 몸이 건장해지고 힘이 세진 후에, 그러니까 고등학생이 된 후에 아이들이 부모의 말을 듣지 않는 이유가 바로 거기에 있어요.

너무나 안타까운 일입니다. 아이들은 지난 10년 동안 인사를 한 것이 아니라, 세상을 지배하는 지독한 힘의 원리를 체험하고 있었던 것이니까요. 부모가 아닌 독재자였던 셈이죠. 아이가 인사를 하지 않는 것은 아이가 아니라 부모의 잘못입니다. 부모가 두 걸음 나아가면 아이는 최소한 한 걸음은 앞으로 나아가죠. 부모가 씩씩한 목소리로 인사하면, 아이도 최대한 자신이 낼 수 있는 힘을 다해 인사합니다. 아래 두 가지 사항을 꼭 기억하고 읽어주세요.

### 1. 부모가 먼저 나서서 인사해야 합니다

아이에게 '인사하라'고 말하지 마세요. 그저 부모가 먼저 나서서 씩씩하게 인사하고 고개 숙이는 모습을 보여주면 그걸로 인사 교육은 시작됩니다. 아이가 뺄쭘한 얼굴로 제자리에서 움직이지 않는다면, 부모가 더 열심히 꾸준하게 인사하는 모습을 보여주면 되죠. 아이가 뾰족한 얼굴로 서 있는 이유는 지금까지 인사 교육을 받지 못했기 때문이지, 아이가 내성적이기 때문이 아닙니다. 성격의 문제로 돌리지 말고, 실천하며 나아지게 해주시면 됩니다.

**2. 인사받지 못하는 사람의 마음을 자세하게 설명해 주세요**

이때 중요한 것은, "네가 인사하지 않으면 어른들이 너를 얼마나 버릇없다고 생각하겠니!"라는 비판이 아닙니다. "네가 인사하지 않으면 어른들이 얼마나 마음이 아프겠니?"라는 감정적인 부분으로 접근해야 한다는 사실입니다. 그게 아이에게 더 효과적입니다. 공감할 수 있기 때문이죠. 인사하는 이유는 서로 따뜻한 마음을 전하기 위해서지, 결코 비판받지 않기 위해서가 아님을 알게 해주세요.

아이들이 제 마음대로 말하고 행동하는 이유는, 예절을 배운 적이 없고 그것이 습관으로 굳어졌기 때문입니다. 쉽게 말해, 아이들은 다른 사람을 배려하는 것이 아직은 미숙한 사람이죠. 그리고 미숙한 이유는 앞서 말한 것처럼 아직 제대로 배우지 못했기 때문입니다. 서툰 예절 교육은 오히려 아이의 자존감을 망치는 결과만 부를 수 있으니 꼭 위에 소개한 두 가지 방법을 실천해 주세요.

· 6일 ·

# 방학 때 들려주면 아이의 새 학년이 근사해지는 말

방학 때 아이와 나누는 일상 대화 중간중간 들려주면 새 학년이 근사해지는 말을 소개합니다. 만약 아이에게 이런 문제가 있다면, 하루 1분이면 해결이 가능한 일이니 꼭 끝까지 읽고 실천해 주세요.

① 소심해서 새로운 환경에 적응하지 못한다.

② 관계에 서툴러서 늘 문제가 발생한다.

③ 배우려는 마음이 없어서 공부를 하지 않는다.

겨울방학은 아이에게 조금 더 특별합니다. 단순히 학기만 바뀌는 게 아니라, 학년이 바뀌며 만나는 아이들도 달라지기 때문입니다. 배워야 하는 교과 내용과 선생님, 교실과 친구까지 모두 달라지기 때문에 멋지게 적응해서 근사한 새 학년을 맞이하려면 겨울방학 동안 준비가 필요하죠.

대단한 기술이 필요한 건 아닙니다. 아이의 생각을 자극해서 스스로 삶의 태도를 바꾸게 할 수 있는 말을 들려주는 걸로 충분하지요. 아이와 대화하기 전에 다음 두 가지를 꼭 기억해 주세요.

① 여름방학보다 겨울방학이 아이에게 더 중요하다.

② 이전까지 제대로 하지 못했다고 해도 새롭게 시작할 수 있다.

### 1. 소심한 아이를 바꾸는 '격려의 말'

부모 앞에서는 노래도 잘 부르고 춤도 추면서 잘 모르는 사람이나 학교에서는 수줍어서 움직임까지 어색한 아이가 있습니다. 그런 아이에게는 자신이 무엇을 할 수 있는지, 그걸 얼마나 잘하고 있는지를 확실히 알려주면 됩니다. 다음에 소개하는 말이 도움이 됩니다.

"너 그거 진짜 잘하더라.
엄마보다 네가 훨씬 잘하는 것 같아."

"새 학년이 되면
즐거운 일이 얼마나 많이 생길까?"

"아빠도 처음 본 사람이랑
인사하는 게 정말 힘들었지.
그런데 이번에 보니까 넌 참 잘하더라."

"새 학년이 되면 어떤 능력이 가장 필요할까?
그걸 네가 가지려면 방학 때 뭘 하면 좋을까?"

**2. 관계에 서툰 아이를 바꾸는 '이해의 말'**

"친구들이 나랑만 안 놀아줘!"
"선생님은 왜 나만 미워하는 거야!"
생각보다 이런 고민을 털어놓는 아이가 많습니다. 혼자 고민하는 아이도 많죠. 타인을 생각하고 이해하는 능력이 부족해서 일어나는 현상입니다. 다음에 소개하는 말과 질문을 통해 자기만 생각하는 아이의 태도를 조금 바꾸면 방학 동안 몰라보게 나아질 수 있습니다.

"사람마다 모두 생각이 다른 거야.

너도 그런 경험이 있지 않았어?"

"새 학년이 되면 어떤 사람이 되고 싶니?
그렇게 되려면 방학 때 뭘 하면 좋을까?"

"방학은 왜 있는 걸까?
너에게 방학은 어떤 의미야?"

"방학 동안 더 친해지고 싶은 친구가 누구야?
어떻게 하면 네 마음을 전할 수 있을까?"

### 3. 공부하지 않는 아이를 바꾸는 '지성의 말'

'때가 되면 알아서 공부하겠지?'라는 생각은 조금 위험합니다. 지금 하지 않는 공부를 학년이 오른 어느 날 갑자기 시작할 가능성은 그리 높지 않으니까요. 그런 의미에서 방학은 아이가 앞으로 해나갈 공부를 위해 중요합니다. 다양한 질문과 생각을 통해 자연스럽게 아이가 배움에 대한 갈증을 가질 수 있게 해주세요.

"방학 때 뭘 가장 하고 싶어?

왜 그걸 하고 싶은 거야?"

"지난 여름방학 때 가장 후회한 게 뭐야?
이번에는 후회하지 않으려면,
겨울방학을 어떻게 보내야 할까?"

"누구든 한 달만 최선을 다하면,
무언가를 이룰 수 있어."

"이번 방학에는 엄마가 숙제 참견하지 않을게.
네가 한번 스스로 계획을 세우고 해볼래?"

물론 아이의 모든 날은 다 중요합니다. 다만 위에서 살펴본 것처럼 방학은 아이 입장에서 학기를 끝내고 새롭게 시작하는 학교생활의 분기점이기 때문에 더욱 중요하죠. 부모의 말을 통해서 소심한 아이를 대범하게, 관계에 서툰 아이를 누구와도 잘 어울리는 사람으로, 그리고 공부에 별 의지가 없는 아이도 자기 주도 학습을 하도록 바꿀 수 있습니다. 방학을 이렇게 부모의 말을 통해서 아이에게 부족한 부분을 채우는 데 활용해보세요.

· 7일 ·

# 친구와 다투고 돌아온 아이에게 묻지 말아야 할 3가지 질문

아이가 밖에서 친구에게 맞거나 다투고 돌아온 날, 이런 식의 말은 정말 좋지 않아요.

"뭐라고! 선생님은 뭐하고 있었어!"

"그 친구 가만히 두지 않는다고 전해!"

"무식하긴, 뭐 그런 부모가 다 있냐!"

"그래서 너는 맞기만(당하기만) 했어?"

"왜 바보처럼 맨날 당하기만 해!"

"결론이 뭐야! 빨리 말해, 답답하니까."

정말 자주 일어나는 상황이지만, 늘 참 애매하고 어떻게 해야 할지 방향을 잡을 수 없어서, 그날그날 기분이 내키는 대로 행동하고 말하죠. 당장 화가 나고 답답하니 이런 말만 튀어나오는 것도 이해는 합니다. 하지만 워낙 중요한 부분이라, 분명한 원칙이 필요합니다. 이런 식의 반응이 왜 좋지 않은지 그 이유와 그렇다면 이제 어떻게 해야 하는지 방법에 대해서 살펴보겠습니다.

**1. "너도 뭔가 잘못이 있겠지."**

물론 아이에게도 잘못이 있을 겁니다. 하지만 그건 아이의 이야기를 모두 듣고 난 후에 생각해도 늦지 않습니다. 이야기를 듣기도 전에 이런 식으로 묻는 건 좋지 않죠.

"네가 가만히 있는데,
갑자기 싸우게 된 건 아닐 거 아냐?"
"이 말썽꾸러기 녀석,
또 뭘 어떻게 잘못한 거야?"

**2. "딴 친구랑 놀면 되지 않을까?"**

아이가 친구와 다투고 돌아와 다툰 이야기를 하는 이유는, 친구가 싫은 게 아니라 반대로 그 친구와 다시 사이좋게 지내고 싶기 때문입니다. 애정이 있으니 다툰 사실이 마음 아프고, 그래서 부모님에게 도움을 구하려고 이야기를 하는 거죠. 그런 아이에게 이런 식의 말은 전혀 도움이 되지 않습니다.

"그런 친구는 없어도 괜찮아!"

"다른 친구 많잖아,

이제 다른 친구랑 놀아."

**3. "그래서 너는 맞기만(당하기만) 했어?"**

한번 생각해보세요. 맞은 것이 잘못은 아닙니다. 아이가 맞은 게 잘못이라고 생각하게 하지 마세요. 또한 다그치거나 비난하는 것도 좋은 방법은 아닙니다. 그렇지 않아도 지금 아이는 혼란스럽고 힘든 상태이니까요.

중요한 건 두 가지를 기억하는 것입니다. 아이가 '스스로 생각'해서 '주도적으로 문제를 해결'할 수 있게 돕는 거죠. 이런 식의 말은 아이에게 부정적인 영향만 미칩니다.

"다음에는 꼭 복수를 해!"

"당장 가서 너도 때리고 와!"

그럼 어떤 방식으로 반응하는 게 좋을까요? 일단 아이가 자신의 상황에 대해서 이야기할 때는 최대한 하고 있던 일을 멈추고 아이의 얼굴을 보며 경청하는 게 좋습니다. 또한 중간에 끊지 않고 아이가 자기 생각을 끝까지 표현할 수 있게 해주시는 게 아이 정서에 좋은 영향을 줄 수 있죠.

아래에 제시하는 2단계 과정을 거치면 아이는 스스로 생각하며, 주도적으로 문제를 해결할 방법을 찾아낼 겁니다.

### 1. 감정을 확대 혹은 축소하지 않고 그대로 듣기

이런 말은 자제하시는 게 좋습니다. 감정을 확대하거나 축소하는 방식의 말은 문제 해결에 전혀 도움이 되지 않기 때문입니다.

"별거 아니야. 시간 지나면 괜찮아져."
"그런 정신 상태로 앞으로 어떻게 살래!"
"너무 나쁜 친구네. 상종도 하지 말자."

### 2. 상황을 생생하게 그릴 수 있게 질문하기

대신 이런 질문을 통해서 아이가 최대한 선명하게 당시 상황을 그리며 스스로 방법을 찾을 수 있게 도와주세요.

"친구랑 다투기 전에 어떤 일이 있었니?"
"그때 너는 어떻게 행동했어?"
"친구에게 어떤 점이 서운했어?"
"다시 돌아간다면 어떻게 하고 싶어?"

중간에 아무리 묻고 싶은 게 많아도 일단 가슴에 질문을 품고 아이의 눈을 바라보는 게 좋습니다. 지금 중요한 건 아이의 생각을 듣고 공감하는 일이니까요. 이렇게 말해주면 아이는 안정감을 느끼게 됩니다. 중요한 말이니 꼭 기억해 주시고, 앞으로 일상에서 자주 활용해 주세요.

"화가 많이 났겠네. 대견하네 잘 참았구나."
"답답하고 힘든 마음은 이제 조금 괜찮아졌니?"
"네 말이 정말 맞아.
친구가 마음을 몰라주면
엄마도 참 서운하더라."

• 8일 •

# 친구 관계로 고민하는 아이에게 해주면 좋은 말들

새 학기가 시작되면 많은 부모가 이런 문제로 다시 고민이 시작됩니다. 친구를 제대로 사귀지 못하거나 어울리지 못하는 아이를 마주하게 되는 일이 바로 그것이죠. 뭐라고 말해줘야 아이의 문제를 해결할 수 있을까요?

"어떻게 하면 친구 마음에 들 수 있을까?"

"친구들이랑 친하게 지내려면 네가 어떻게 해야 할까?"

"네가 뭘 바꾸면 관계가 좋아질까?"

듣기에는 그럴듯하지만, 이런 식의 모든 접근은 그 과정과 끝이 좋지 않을 가능성이 매우 높습니다. 이유가 뭘까요? 앞에서 말한 질문의 공통점을 찾아보세요. 네, 맞아요. 모든 문제가 내 아이에게 있다고 생각해서 아이 자신을 바꾸는 데에만 초점이 맞춰져 있죠. 친구의 성향과 생각에 나를 맞추려고 하다 보면 자꾸만 혼란스러워집니다. 모든 사람은 각자 다 다르기 때문입니다.

나를 바꿔서 친구에게 맞춘다면, 그건 더 이상 내가 아닙니다. 중요한 건 나를 그대로 유지하면서 친구와 좋은 관계를 맺고 유지하는 것입니다. 내가 사라지면 아무런 의미가 없습니다.

지금 여러분의 아이가 친구 문제로 심각하게 고민하고 있다면, 이걸 꼭 기억해야 합니다. 이 글을 필사, 낭독하며 부모와 아이가 함께 나누는 시간을 가져보는 것도 좋습니다.

"중요한 건 친구에게 좋은 내가 되는 게 아니라,
나 자신에게 좋은 내가 되려는 노력입니다."

짧게 보면 당장 친구와 잘 지내는 방법에만 눈길이 가게 됩니다. 하지만 아이의 인생은 깁니다. 조금만 시야를 넓혀서 길게 보면 다른 답이 나오죠. 나 자신에게 좋은 내가 될 수 있다면, 자연스럽게 내면이 단단해지며 자존감도 높아질 것이고, 그런 사람에게 좋은 친구가 생기지 않을 수가 없겠죠. 그렇게 되면 반대로 친구를 만들고 싶지 않아도, 도저히 그럴 수가 없을 겁니다. 자신을 향한 멋진 믿음을 가진 사람에게 좋은 친구가 생기지 않을 수 없을 테니까요. 그런 아이로 키우려면 다음에 제시하는 말을 자주 들려주세요. 그럼 아이는 '자신에게 좋은 사람이 되려는 노력'을 하기 시작할 겁니다.

"모든 기적은 네 안에 있어.
자신을 믿으면 모든 게 달라지지."

"네가 시작하면 모든 게 특별해져.
엄마 아빠는 그게 참 멋지더라."

"세상에 맛없는 라면은 없잖아.
맛이 다른 라면만 있을 뿐이지.
모든 개성은 가치 있는 거란다."

관계를 위해 나를 바꾸는 건 끝이 없는 허망한 일입니다. 사람은 모두 다 다르니까요. 하나하나 맞춰서 나를 바꾸다가는 결국 나 자신까지 잃게 되죠.

"다른 누군가가 되어 사랑받는 것보다,
나 자신을 유지하며 미움을 받는 게 낫습니다."

가치는 모두 다르겠지만 언제나 본질은 자신에게 있습니다. 뭐든 나로부터 시작해야 그 과정과 끝도 아름답죠. 자신의 가치를 믿는 좋은 내가 되면, 저절로 주변에 그 가치를 아는 좋은 친구들이 모일 테니까요. 위에 소개한 말을 통해 그 의미와 가치를 아이에게 알려주세요. 살아가는 데 중요한 역할을 할 말이니 자주 접할 수 있게 해주시면 더 좋습니다.

· 9일 ·

# 아이가 밖에서 부당한 일을 겪었을 때 이렇게 말해주세요

가끔 밖에서 사용하는 언어를 아이에게 같은 방식으로 들려주는 부모가 있습니다. 회사에서 주로 쓰는 '회사어'를 그대로 아이에게 들려주는 거죠. 그럼 아이가 그 말을 이해할 수 있을까요? 아이는 어른이 아니라는 사실을 꼭 아셔야 합니다. 또한, 가정에서 사용하는 언어는 밖에서보다 조금 더 따뜻하고 예뻐야 아이 정서에도 좋습니다. 그런 가정을 만들기 위해서는 부모가 생각하는 '어른의 언어'가 아니라, 아이 마음에 닿을 수 있는 '아이의 언어'가 필요하다는 것을 기억해야 합니다. 그런 의미에서 아이가 밖에서 부당한 일을 겪고 돌아온 상황에서, 이런 방식의 말은 최악입니다.

"당신은 집에서 뭘 하는 거야?
대체 애가 왜 이렇게 된 거야!"

"됐어, 이야기 들어보니
너도 잘한 건 없네!"

"그 정도는 참아야지.
야, 엄마 학교 다닐 때는 더 심했어!"

"사내 자식이 왜 그래!
남자라면 그 정도는 견뎌야지!"

"아빠가 늘 경고했지.
내가 너 그럴 줄 알았다!"

"내가 못 살아! 너는 바보니?
왜 맞고만 있었던 거야!"

"네 입은 장식품이야?
왜 반박도 못하고 있어!"

"별일 아니야,
살다 보면 다 그런 거야.
애들은 싸우면서 크는 거야!"

어떤가요? 이렇게 예를 들어서 제시하면 많은 분들이 공감하지만, "정말 이런 말을 하는 부모가 있나요?"라며 놀라는 부모님도 계십니다. 하지만 그럴수록 자신을 돌아보는 게 좋겠죠.

그럼 이번에는 부당한 일을 겪고 돌아온 아이에게 들려줄 '치유의 말'을 소개합니다.

"정말 미안해.
그동안 많이 힘들었지?
엄마 아빠가 그동안
네 마음 몰랐어, 미안해."

"많이 힘들고 두렵지?
하나도 걱정하지 마.
네 잘못이 아니니까."

"엄마 아빠는 앞으로

이렇게 대응할 생각인데,
네 생각은 어떠니?"

"엄마라면 그렇게 못했을 거야.
잘 대응했어. 네가 잘한 거야."

"많이 억울하고 답답하지?
아빠한테 다 말해줘.
늘 기다리고 있으니까."

어떤 의미에서 아이가 사는 세상은 참 힘들고 고단합니다. 거기에서도 힘의 원리는 존재하니까요. 그래서 집 밖에서 폭력, 협박, 모욕, 따돌림 등 부당한 일을 경험하고 돌아온 아이에게 들려주는 부모의 말은 아이 삶에 중요한 역할을 합니다. 이러한 문제는 실제로 당하면 정말 난감하고 힘들기 때문에 물론 신고하고 처벌하는 일도 필요합니다. 하지만 그보다 더 중요한 건 힘든 아이 마음을 안아줄 수 있는 말을 들려주는 일입니다. 그래야 아이와 함께 방법을 찾을 수 있고, 다음에는 그런 일이 생기지 않게 만들 수 있습니다.

중요한 건 먼저 마음을 치유하고 그다음에 해결할 방법을 찾는 것입니다. 그 작고 여린 아이가 얼마나 힘들었을까요? 생각하면 마음이 무너집니다. 그렇지 않아도 힘든 아이 마음을 더 힘들게 하지 마세요. 여러분의 아이도 지금, 당신처럼 최선을 다해 살고 있으니까요. 그러니 위에 소개한 치유의 말을 암기하듯 외워서 꼭 필요한 순간에 아이에게 들려주시길 바랍니다.

· 10일 ·

# 자존감은 높아지고 우애도 깊게 만드는 '형제 대화의 3가지 원칙'

형제를 키우는 일이 생각보다 더 어려운 이유는 타인과의 접촉에 있습니다. 아이들과 함께 바깥으로 나가서 지인들을 만날 때나 혹은 잘 모르지만 가볍게 스치며 인사를 나눌 때, 어른들은 이런 식으로 아이들에게 말을 걸죠.

"형이 참 멋지게 생겼구나!"

그 말에 아이의 부모는 마음이 행복해져서 이렇게 답합니다.

"네, 맞아요. 그런 말 자주 들어요.

눈이 크고 체격이 날씬해서 그런 것 같아요."

문제는 거기에서 시작하죠. 자, 그럼 듣는 동생은 어떤 생각을 하게 될까요?

'나는 뭐야?'

'부모님은 왜 형만 좋아하는 걸까?'

'나는 눈도 작고 살이 쪄서 싫어하는 건가?'

아이는 걷는 내내, 혹은 부모와 있는 내내 그런 고민에 빠져서 괜히 형이 싫어지고, 자신을 그렇게 대한 스쳐 갔던 어른들에게도 나쁜 마음을 갖게 됩니다. 사실 이런 경우는 일상에서 매우 자주 일어나죠. 한마디 툭 던지고 지나가는 어른들은 사소하게 생각할 수도 있지만, 아이에게는 매우 중요한 문제입니다. 늘 비교를 당하기 때문이죠.

반복해서 같은 문제로 비교당하면 아이는 자신도 모르게 그걸 콤플렉스로 품게 됩니다. 매력적인 성격과 능력이 있어도, 스스로를 가치 없는 사람으로 생각하게 되죠. 말을 거는 어른들이 처음부터 조심해서 대화를 시작했다면 괜찮겠지만, 그걸 억지로 바랄 수는 없는 일입니다. 그들의 말과 행동은 우리가 제어할 수 있는 부분이 아니니까요. 교육 제도나 주변 사람들을 탓하기 전에, 늘 이걸 먼저 기억하는 게 좋습니다.

"우리 가족을 지킬 수 있는 사람은 나다."

"내가 원하는 모습은 내가 만들어나간다."

결국 위기 상황이 닥칠 때마다 부모가 적절한 말로 대처하는 것이 중요합니다. 생각만큼 어렵진 않아요. 다음에 소개하는 '형제 대화의 3가지 기본 원칙'을 마음에 품고 있으면 됩니다.

1. 나는 아이 모두에게 행복을 줄 수 있는 말을 한다.

2. 모든 아이에게는 각자의 재능과 장점이 있다.

3. 아이의 나쁜 부분에서도 좋은 것을 발견할 수 있다.

앞서 예로 들었던 지나가는 어른의 "형이 참 멋지게 생겼구나!"라는 말에, '형제 대화의 3가지 기본 원칙'을 적용해서 부모가 이렇게 답했다면 어땠을까요?

"네, 맞아요. 그런 말 자주 들어요.
눈이 크고 체격이 날씬해서 그런 것 같아요."
→ "맞아요, 우리 집에는 멋진 아이가 둘이나 있죠!"

여기에 한마디만 덧붙이면 완벽해지는 거죠.

"그게 바로 제가 행복한 이유랍니다."

하나로 연결하면, 바로 이렇게 말할 수 있겠죠.

"맞아요, 우리 집에는 멋진 아이가 둘이나 있죠!
그게 바로 제가 행복한 이유랍니다."

이런 근사한 부모의 말을 듣고 형제는 모두 어떤 생각을 할까요? 맞아요. 도저히 부정적인 생각은 할 수가 없습니다.

"부모님은 우리를 모두 사랑하고 있어."

"우리가 있어서 부모님이 행복하신 거야."

"나도 좀 더 노력해야겠다!"

이런 부모의 한마디 말을 통해,

형제는 서로에 대한 시기심도 생기지 않고

서로의 빛나는 가치를 깨닫게 되고

자연스럽게 단단하고 높은 자존감을 갖게 되고

마지막으로 지혜롭게 말하는 게 인생에서 얼마나 중요한 일인지

바로 눈앞에서 깨닫게 되는 거죠.

수많은 문제가 순식간에 풀립니다.

일상에서 이렇게 적용할 수 있어요. 처음에는 쉽지 않으니 필사와 낭독으로 눈과 마음에 담아주시는 게 좋습니다.

"동생이 나긋나긋하게 말을 잘하네."

→ **"맞아요, 그걸 근사하게 받아주는**

**형이 있어서 동생도 예쁘게 말할 수 있죠."**

"형이 공부를 아주 잘하는구나."
→ "형제가 각자 잘하는 게 달라서,
더욱 두 아이의 내일이 기대돼요."

앞서 소개한 '형제 대화의 3가지 기본 원칙'을 기억하고 있으면 누구나 언제든지 모든 상황에서 형제의 마음을 포근하게 안아주는 말을 꺼낼 수 있습니다. 잘 인식하지 못하지만 아이와 나누는 일상에서 생기는 거의 모든 문제는 '말'에서 시작합니다. 결국 말로 꼬인 매듭을 풀 수 있는 것도 '말'이죠. 이번에 소개한 형제 대화를 통해 여러분이 발견할 수 있는 일상의 기쁨과 희망이 더욱 커지길 소망합니다. 부모의 말이 깊어지면 아이의 삶도 깊어지고, 부모의 말이 빛나면 아이의 삶도 빛납니다.

"부모의 말은 아이를 지탱하는
날개 밑에서 부는 바람입니다."

• 11일 •

## 가장 중요한 건 언제나 부모의 정서적 안정입니다

모든 부모는 아이에게 참 주고 싶은 게 많습니다. 스스로 좋다고 생각하는 거라면 뭐든 다 해주고 싶고, 보기만 해도 근사한 사람으로 키우고 싶죠. 자존감 높은 아이, 혼자 뭐든 잘 해내는 독립심 강한 아이로도 키우고 싶고, 밖에 나가서 다른 친구들과도 잘 노는 사회성 좋은 아이로도 키우고 싶고요.

그런데 대부분의 시간을 부모가 혼자 아이를 감당하며, 아이의 모든 것을 안정시켜주는 일을 하다 보면 정말 더는 견디기 힘든 순간이 찾아옵니다. 나 혼자 사는 것도 힘들었던 사람이, 아이라는 낯선 존재를 책임지며 기르고 있다는 사실 자체가 때로는 너무나 무거운 짐처럼 느껴지죠. '내게 그럴 자격이 있을까?', '이렇게 나라는 존재는 사라지는 게 아닐까?', '내가 지금 여기에서 뭘 하고 있는 걸까?' 이런 감정은 점점 자신이 무가치한 하루를 살고 있다는 생각을 하게 만듭니다.

하지만 부모가 일상에서 느낀 감정은 고스란히 아이에게 전해집니다. 아이는 부모의 감정을 먹고 자란다고 말할 수도 있어요. 그래서 자존감 높고 사회성이 좋은 아이로 키워내기 위해서는 먼저 부모의 감정이 매우 중요합니다.

부모가 스스로 안정을 느끼며 자신의 가치를 깨달아야 비로소 아이가 가정에서 행복을 느낍니다. 당연합니다. 부모가 스스로의 삶에 아무런 가치가 없다고 느낀다면, 그걸 매일 보고 듣고 느끼는 아이가 같은 감정을 느낄 수밖에 없습니다. 모든 게 그냥 다 싫고, 아이가 사랑스러운 표정으로 바라봐도 아무런 느낌도 들지 않는다면, 다음에 소개하는 말을 스스로에게 들려주며 마음의 안정과 일상의 가치를 찾는 게 좋습니다.

내가 보낸 시간은 사라지지 않아요.
나를 스친 시간은 아이에게로 가서,
아이의 소중한 기억 속에
예쁘게 쌓이고 있으니까요.

내 아이를 키우는 일이
아무나 할 수 있는 일이 아니라서
세상에 오직 나만 할 수 있는 귀한 일이라
내게 맡겨진 겁니다.

힘들어요, 가끔 정말 힘들죠.
매일 나도 몰랐던
최악의 내 모습을 보니까요.
아무도 몰라주는 이 힘든 마음을
때로는 이렇게 표현하고 싶어요.
참는 것만이 전부가 아니고,
울 수 있어야 내 인생이니까요.

행복한 삶은 마음의 안정이 결정하죠.
반대로 우울한 마음은 자신의 일상에서
가치를 발견하지 못할 때 생깁니다.
나는 내 가치를 발견하는 사람입니다.
새벽에 일어나 밤늦게 잠들 때까지
나는 정말 가치 있는 일을 하고 있어요.

완벽해지려는 마음을 버려야 합니다.
그 마음이 우리를 힘들게 만드니까요.
세상에 완벽한 부모는 없습니다.
내 아이에게 좋은 부모가 있을 뿐이죠.

아이들의 기분은 부모의 기분을 따라갈 수밖에 없습니다. 부모에게서 정서적 안정을 받지 못한 아이는 친구 사이에서도 학교에서도 제대로 역할을 하며 살아가기 힘듭니다. 중심이 제대로 서지 못하니 당연한 결과라고 볼 수 있어요. 그래서 더욱 부모는 일상에서 자신에게 안정을 줄 수 있는 말을 들려주며 자신의 가치를 찾아야 합니다. 낭독과 필사로 아이와 함께 나누는 것도 좋습니다. 아이들도 부모가 얼마나 힘든지, 얼마나 사랑으로 노력하고 있는지 그 사실을 알아야 하니까요. 부디, 언제나 당신 자신을 지키세요. 가장 중요한 건 언제나 부모의, 여러분의 정서적 안정입니다.

우리가 이 넓은 세상에서
누군가를 만나 사랑하는 것도 기적이지만,
더 놀라운 기적은
'나'라는 자신을 만난 것입니다.
그대 자신을 만난 것이,

그대 삶에서 가장 귀한 기적입니다.

타인과의 사랑은 언젠가 끝나지만
영원히 끝나지 않는 아름다운 로맨스는
자신과 나누는 사랑이니까요.
내 마음 자꾸만 예뻐지는 그 말,
생각만 해도 웃음이 나는 그 말,
자신에게 매일 들려주기로 해요.

"나는 나를 사랑한다."
"누가 뭐라고 해도 내 가능성을 믿는다."
"역시 내게는 내가 최고다."

누구보다 소중한 자신에게
세상에서 가장 예쁜 말을 들려주세요.
당신이라는 기적을 오늘 더 사랑해 주세요.

6장

# 아이의 숨은 가치를 발견하고 무한한 가능성을 열어주는 대화 11일

· 1일 ·

## '방법을 찾는 말'이 환경을 탓하는 아이를 바꿉니다

"우리는 집에 돈이 없어서
좋은 학원은 다닐 수 없어."
"나는 키가 작아서
할 수 있는 운동이 없어."

기껏 열심히 최선을 다해 키웠더니 아이가 자꾸만 이렇게 현실과 환경을 탓하는 말로 변명을 하면 가슴이 무너지죠. 그러나 이런 생각을 하는 아이도 역시 부모의 말을 통해서 긍정적인 생각과 태도를 갖춘 사람으로 변화가 가능합니다.

바로 '방법을 찾는 말'을 일상에서 자주 들려주는 것인데요. 방법을 찾는 사람의 말버릇은 이렇게 다릅니다. 예를 들어서 지인이 "이

근처에 짬뽕이랑 짜장면을 모두 잘하는 중국집이 있니?"라고 물으면, 늘 방법을 찾는 사람들은 이렇게 답하죠.

"응, 내가 한번 생각해볼게.

잠깐만 기다려봐."

하지만 방법을 찾지 않는 사람들은 생각도 하지 않고 바로 이렇게 응수합니다.

"둘 다 잘하는 곳이 어디 있냐!

짜장이든 짬뽕이든 하나를 포기해야지."

물론 방법은 찾는 사람들이 언제나 상대가 원하는 답을 찾는 건 아닙니다. 중요한 사실은 생각과 표현이 다르다는 것입니다. 짬뽕과 짜장을 모두 잘하는 중국집을 찾지 못하면, 그들은 지인에게 자기만의 방법을 이렇게 제안합니다.

"둘 다 잘하는 중국집은 찾지 못했네.

그런데 짜장은 진짜 잘하고,

짬뽕도 중간 이상은 하는 곳이 있어.

거기는 어떨까?"

어떤가요? 특이점이 보이나요? 네, 맞아요. 늘 방법을 찾는 사람들은 "불가능", "없어", "안 돼" 등의 표현을 쓰지 않습니다. 대신 늘 자신의 수준과 환경에서 가장 적합한 방법을 찾아내죠. 그들은 불가능을 찾는 게 아니라, 가능성을 찾는 사람이라서 그렇습니다. 그래서 그런 사람들 곁에 있으면 뭔가 늘 희망이 떠오르고, 세상에 불가능한 일이 없게 느껴집니다.

아이와 이런 말을 일상에서 자주 나누시면 도움이 됩니다. 말버릇처럼 사용하시길 추천합니다. 그렇게 해도 전혀 나쁜 게 없는 창조적인 말이니까요.

"더 좋은 방법이 있을 것 같은데."
"가능한 게 뭔지 한번 살펴보자."
"세상에 단점만 가진 사람은 없지."
"최선의 선택을 하려면 어떻게 해야 할까?"
"뭔가 새로운 게 있지 않을까?"

아이를 키우는 부모라면 더욱 이 말버릇을 기억하고 아이 앞에서 자주 사용하는 모습을 보여주는 게 좋습니다. 부모의 말버릇은 그대로 아이에게로 가서, 아이의 삶을 구성하니까요. 세상의 모든 좋은 것은 자신을 찾는 사람에게만 그 모습을 보여줍니다. 꽃이 아무리 주변에 많아도, 그것을 보려고 하지 않는 자에게는 보이지 않는 법이죠. 아이와 함께 희망과 긍정 등 세상에 존재하는 온갖 좋은 것들을 찾으며 하루를 보내시길 바랍니다.

· 2일 ·

## 아이의 재능과 운을 키워주는 가능성의 말 습관

여러분은 평소에 아이에게 어떤 말을 들려주고 있나요? 하나만 예를 들겠습니다. 부모 입에서 말버릇처럼 나오는 이 말을 아이는 이렇게 받아들입니다.

"됐다. 내가 너한테 뭘 바라겠냐.
그만하고, 밥이나 먹자."
→ "아무리 말해도 넌 구제불능이야!
할 줄 아는 게 밥 먹는 것밖에 없지!"

어떤가요? 부모가 습관적으로 하는 말에도 아이는 돌이킬 수 없는 상처를 받습니다. 이를테면 아이가 실수로 물을 쏟았을 때, 최악의 순간만 예리하게 포착해서 "넌 대체 제대로 하는 게 뭐니! 바보야?"라고 혼낸다면 어떨까요? 아이는 부모가 자신이 제대로 하지 못할 때만 기다려서 혼내는 걸 좋아하는 사람이라고 생각할 것입니다.

하지만 반대로 아이가 실수하지 않고 무사히(?) 물을 마셨을 때를 놓치지 않고 "차분하게 물을 마시는 모습이 참 근사하다!" 이렇게 칭찬하는 말버릇을 갖고 있다면 아이는 그런 모습을 보여주려고 노력하게 되죠. 세상에 처음부터 차이가 나는 아이는 없어요. 누구나 처음에는 비슷한 상태에서 시작합니다. 하지만 이렇게 말버릇처럼 나오는 부모의 말이 결국 아이가 살아갈 삶의 방향을 바꿉니다.

아이가 어떤 모습으로 살기를 바라시나요? 그럼, 그 모습에 맞는 표현을 여러분의 말버릇으로 만들어서 자주 들려주세요. 아이에게서 보고 싶은 모습이 보일 때마다, 그 순간을 놓치지 말고 아이를 칭찬해 주세요. 아이가 어떤 행동을 했을 때 그걸 부모가 반복해서 칭찬하면, 아이는 부모가 자신의 가치를 존중한다는 사실을 확실히 깨닫고 자기 가능성을 믿게 되죠.

좋을 때를 자주 포착해서 그 가치를 전하면 아이는 좋은 것을 반복하려고 하고, 나쁠 때만 포착해서 그 가치를 낮추면 자신도 모르게 나쁜 것만 반복하게 됩니다. 아이에게 부모의 말은 거대한 이정표입니다. 아이의 삶에 변화가 생길 때마다, 혹은 상황이 좋지 않게 흐를 때마다, 일상에서 나오는 이런 부정적인 말버릇을 다음과 같이 고쳐서 적절히 들려주세요.

"내가 너 그럴 줄 알았지!
혼난다고 몇 번을 말했어!"
→ "이번에는 실수했지만, 괜찮아.
다음에 좀 더 주의하면 되지."

"대체 제대로 할 줄 아는 게 뭐야?
하나라도 있기는 한 거니!"
→ "그걸 잘해보고 싶은 거구나?
그래, 포기하지 않으면 할 수 있어."

"거기 스톱! 제발 좀 가만!
넌 가만히 있는 게 돕는 거야!"
→ "가만히 있으면 영원히 몰랐을 것을
네가 해본 덕분에 새롭게 알게 되었네."

"그러니까 이렇게 하라고 했잖아!
왜 말을 안 들어서 피곤하게 하니!"

→ "너만의 새로운 방법으로 해보니 어때?
다음에는 어떻게 해볼 생각이야?"

위의 말과 더불어서 아래에 소개하는 표현도 말버릇처럼 해주세요.

"오늘도 뭔가 좋은 일이 생길 것 같네."
"네가 시작하면 뭐든 기대하게 돼."
"믿음직한 우리 아가, 늘 자랑스러워."

부모가 자신의 말버릇 하나만 바꿔도, 아이가 가진 단점 열 개가 장점으로 바뀌며 막혀 있던 재능과 운의 통로가 열립니다. 쓰면 쓸수록 아이를 망치는 말버릇은 버리고, 쓰면 쓸수록 아이의 가능성을 활짝 열 수 있는 아름다운 말버릇을 전해주세요. 자기 힘으로 하겠다는 아이 마음을 존중해 주세요.

"가만! 엄마(아빠)가 도와줄게."
"너 혼자서는 아직 할 수 없어."

부모가 이렇게 말하면 아이의 호기심은 좌절감으로 바뀌고, 상상력은 무력감이 되며, 무엇 하나도 스스로 주도한 적이 없어서 배움에 있어서도 주도적으로 움직이지 않게 됩니다.

아이를 걱정해서 나온 이런 방식의 말이 오히려 아이 인생을 무력하게 만드는 거죠.

지금까지 불가능했던 것을 혼자 다시 시도하려는 아이의 마음과 기를 꺾지 말아주세요. 우유를 다시 또 엎질러 바닥에 쏟을 수 있는 기회를 준다고 생각하시면 좋습니다. 기회를 자꾸 허락해야 아이가 자신의 가능성을 열 수 있습니다.

• 3일 •

# 일상의 작은 것에서도 가치를 발견하는 방법

많은 부모님들이 자책하며 이렇게 말하죠.

"네가 조금 더 넉넉한 부모를 만났으면, 더 많은 것을 보고 경험하며 살았을 텐데. 하필 형편이 어려운 우리를 만나서, 더 다양한 것들을 경험하게 해주지 못해서 정말 미안하다."

하지만 전혀 그런 자책을 할 필요는 없어요. 단순히 많이 보는 것은 중요하지 않습니다. 중요한 건 그걸 바라보는 아이가 가진 시선의 방향과 생각의 깊이죠. 짧게 압축하면 이렇게 이야기할 수 있습니다.

"아이가 100개를 1번씩 보는 것보다,

1개를 100번 보는 게 좋습니다."

자, 이게 과연 무슨 말일까요? 부모가 억지로 보여준 100개의 작품보다, 아이가 스스로 선택한 하나의 작품을 100번 감상하는 게 더 위대한 일이라는 사실입니다. 그 아이는 같은 작품을 무려 100번이나 볼 가치와 이유를 찾아낸 사람이기 때문이죠. 스스로 자신에게 위대한 가르침을 전할 내면의 힘과 안목을 가지고 있는 셈이죠. 반대로 100개를 딱 한 번만 보고 넘어간다는 것은 두 번 볼 지점을 발견하지 못했다는 증거입니다. 대상이 아무리 위대한 것이라도 그런 방식으로 보는 건, 우리에게 어떤 영향도 줄 수 없습니다.

물론 처음부터 그런 능력을 가질 순 없어요. 아이에게 일상에서 자주 이런 질문을 던지면, 조금씩 내면의 힘과 세상을 바라보는 안목이 좋아지게 됩니다.

1. "지금 여기에서 무슨 일이 일어나고 있을까?"
2. "그런 일이 일어나는 이유가 뭐라고 생각해?"
3. "그럼, 그 결과는 어떻게 될 것 같아?"

매일 새롭게 만나는 것들 앞에서 이렇게 3가지 질문을 적절히 들려주세요. 이 질문에 익숙해진 아이들은 다른 아이들보다 사물과 상황을 수십 배 이상 깊고 넓게 바라볼 수 있습니다. 부모가 일상의 대화에서 아이의 생각을 이런 방식으로 바꿔주면 더욱 좋습니다.

"뭐야, 시시하잖아!"

→ "세상에 시시한 건 없어.

보고 또 보면 새로운 게 보인단다."

"별로 특별할 게 없는데?

이제 그냥 집에 가자."

→ "모든 건 다 미세하게 다르단다.

우리, 뭐가 다른지 한번 보자."

"이미 알고 있는 내용이야.

책이 심심하고 지루하네."

→ "질문하면 책은 답을 알려주지.

책에 어떤 질문을 하고 싶니?"

이런 일상의 대화를 통해서 우리는 아이에게 사물이나 상황 하나가 가진 가치를 제대로 전할 수 있습니다. 이렇게 생각할 수도 있죠.

"많은 것을 보여줘야 안목을 기를 수 있지 않을까요?"

"아이가 하나를 집중해서 볼 수 있을까요?"

충분히 나올 수 있는 질문입니다. 하지만 저는 이런 이야기를 전하고 싶어요.

"매일 지나가며 마주치는 동네 놀이터에서
무언가를 발견하지 못하면,
유럽의 수많은 박물관에 가서도
어떤 영감도 발견할 수 없습니다."

중요한 건 바로 지금 여기에서, 매일 마주치고 만나는 단 하나에서 무언가를 발견할 수 있는 삶을 살아야, 비로소 아이가 자기 안에 지성을 담을 수 있고 가능성을 열 수 있다는 사실입니다.

"당신과 아이가 사랑으로 존재하는
지금 여기에 모든 것이 있습니다"

• 4일 •

## "넌 아직 어려서 할 수 없어"라는 말이 아이 삶에 미치는 부정적인 영향

참 많이 듣는 말입니다. "넌 아직 어려서 할 수 없어!" 물론 다르게 생각할 수도 있습니다. '너무 예민한 거 아니야? 부모가 자식에게 그렇게 말할 수도 있는 거잖아'라고 생각할 수도 있습니다. 생물학적으로 접근할 때 어느 정도 나이가 되어야 할 수 있는 일도 있으니까요. 하지만 그건 높은 비중을 차지하는 일이 아니기 때문에 아이의 모든 경우에 적용하면 좋지 않습니다. 중요한 건, "넌 아직 어려서 할 수 없어"라는 말을 듣고 자란 아이의 생각 패턴이 이런 식으로 고정된다는 사실입니다.

**1. 단정**

"넌 아직 어려서 할 수 없어."

↓

**2. 현실 인식**

"나는 나이가 어려서 못하는 거야."

↓

**3. 변경과 핑계의 시작**

"그러면 나중에 시간이 지나면 해보자."

그럼 자꾸만 하지 못한 것을 어리다는 핑계를 대며 상황을 모면하려고 하게 되죠. 여기에서 아이들의 변명과 핑계를 대는 모습이 생각나시죠? 바로 '어려서 할 수 없어'라는 부모의 말에서 시작한 결과입니다. 또한 나중에는 아예 시도조차 하지 않는 사람으로 성장하게 됩니다. 이런 최악의 상황에 빠지지 않으려면 '불가능'에 접속한 부모의 말을 '가능'으로 바꿔, 다음과 같이 말해줘야 합니다.

"넌 아직 어려서 할 수 없어."

→ "하려고 노력하면 할 수 있지."

"시도하면 결국 가능해진단다."

"나이가 문제가 아니라,

시도하지 않아서 못하는 거야."

일상에서 아이가 조금 위험한 행동을 하려고 할 때나 아직은 무리라고 생각되는 것을 시도할 때, 부모의 입에서는 자동적으로 "넌 아직 어려서 힘들어"라는 말이 나오죠. 하지만 결국 이 표현이 아이의 도전과 성장을 막고, 그것도 모자라 모든 잘못된 결과를 변명과 핑계로 일삼는 태도를 갖게 만들죠.

중요한 사실을 하나 전합니다.

"아이에게 일상의 어려움을
경험하지 못하게 하면,
아이는 스스로 자신을 돕는 방법을
영원히 모르고 살게 됩니다."

맞아요, 인생에서 가장 중요한 것을 모르고 살게 되는 거죠. 부모의 이런 식의 말버릇은 더욱 아이를 그렇게 만들어 버립니다.

"이걸 세 살 아이가 할 수 있을까?"

"겨우 일곱 살 아이가 이걸 어떻게 해!"

"네 나이에는 아직 무리야. 기다려!"

같은 질문에도 수준이 있어요. '할 수 있을까?'라는 말은 사실 질문이 아닙니다. 이미 문장 안에서 "넌 할 수 없어"라는 최악의 마침표를 찍은 상태이기 때문입니다. 위의 말을 이렇게 바꿔주면 바로 '내 아이만을 위한 수준 높은 질문'이 됩니다.

"이걸 세 살 아이가 할 수 있을까?"
→ "이걸 세 살 아이도 하게 하려면,
어떻게 해야 할까?"

"겨우 일곱 살 아이가 이걸 어떻게 해!"
→ "일곱 살 아이도 할 수 있게,
조금 쉽게 하려면 어떻게 해야 하지?"

부모의 말과 질문은 아이가 만날 삶의 가능성과 맞닿아 있습니다. 말의 깊이와 폭이 아이의 가능성을 결정하는 셈이죠. 그래서 더욱 아이에게 말을 할 때는 '불가능'에 접근한 언어를 '가능'의 공간으로 이동시켜야 합니다. 단지 그렇게 언어를 이동시키는 것만으로도, 모든 부모는 아이에게 성장과 가능성의 말을 들려줄 수 있습니다. 늘 어떤 말과 글이 아이에게 좋은 에너지로 작용될 수 있을지 생각하며 따로 메모장에 기록하시는 것도 좋습니다.

· 5일 ·

## 아이의 잠든 재능과 가치를 발견하는 6가지 말

초등학교에 다니던 시절, 저희 집에는 매우 근사한 장식장이 하나 있었습니다. 어머니는 장식장을 매우 아끼셨어요. 그런데 이해하지 못할 부분이 하나 있었습니다. 귀한 접시나 각종 전시품이 그 안에 들어가야 어울릴 것 같은데, 어머니는 그 안에 다른 것만 넣으셨죠.

그 안에 대체 뭐가 있었을까요? 제가 학교에서 그린 그림, 조립해서 완성한 각종 프라모델, 그리고 제 일기장까지도 모두 그 안에 진열이 되어 있었습니다. 제 손에서 나온 그것들은 그 장식장 안에 예술 작품처럼 놓여 있었죠. 하루는 그게 너무 이상하게 느껴져서 어머니께 이렇게 물었습니다.

"저 멋진 장식장을 왜

제가 만든 것들로만 채우세요?
멋진 걸로 채우면 좋을 것 같은데."

그러자 어머니는 이렇게 답하셨어요.

"세상에 우리 종원이가 만든 것보다
더 멋지고 좋은 게 어디에 있겠어?
엄마는 지금 가장 멋진 작품으로
저 장식장을 채우고 있는 거란다."

시간이 아주 많이 지났지만 저는 그날 나누었던 대화를 이토록 선명하게 기억하고 있습니다. 내 아이가 직접 만든 것들이 어떤 장인이 만든 것들보다 귀하고 소중한 의미를 담고 있다는 것. 그 사실을 삶으로 알려주신 어머니의 가르침은 저를 이렇게 생각하게 만들었죠.

'저 멋진 장식장이 없어도 괜찮아.
내가 만든 것들은 그 자체로
무엇보다 소중한 가치를 담고 있으니까.'

그렇게 어머니는 장식장을 통해 잠들어 있는 제 가치를 알려주셨습니다. 모든 아이에게는 재능과 가치가 있어요. 다시 말해서 저마다의 색으로 빛나고 있지요. 다만 아직 꺼내지 못했을 뿐입니다. 부모의 말과 삶이 아름답게 일치할 때, 비로소 아이는 자신의 재능과 가치를 스스로 꺼내 세상에 보여줄 수 있게 되죠. 이때 도움이 될 6가지 말을 전합니다. 말과 삶으로 아이와 함께 나누어주세요.

"너는 이미 모든 것을 갖고 있어.
단지 꺼내기만 하면 된단다."

"꽃은 옆에 핀 꽃과 경쟁하지 않지.
그저 자신의 꽃을 피어내면 되니까."

"자신이 가진 것을 사랑하면,
우리는 뭐든 해낼 수 있어."

"세상에 사소한 것은 없단다.
사소하다고 생각하는 사람만 있지."

"사막에서도 피는 꽃이 있어.
어떤 환경도 우리의 의지를 이길 순 없단다."

"보석은 우리에게 어떤 말도 하지 않아.
그저 자신의 가치를 보여줄 뿐이란다."

부모의 말은 정말 중요합니다. 그러나 그에 못지않게 중요한 게 말과 닮은 행동을 보여주는 일이죠. '사랑'이 부모의 입이 아닌 삶에서 나올 때 아이는 진실한 사랑을 느낄 수 있고, 자기 삶의 가치를 발견합니다. 이전과 전혀 다른 삶을 시작하게 되죠. 자신의 빛을 발견하고 믿게 되었으니까요.

저는 세월이 아주 많이 흐른 지금까지도 그날 장식장을 비추던 햇살을 잊지 못합니다. 하나의 풍경화처럼 따스했으니까요. 물론 어떤 부모에게도 단점이 있고 숨기고 싶은 부분도 있기 마련이죠. 하지만 중요한 사실은 바로 이것입니다. 늘 장점과 가치를 알려주는 하루를 살면, 아이는 언제나 좋은 것만 바라보며 기억하죠.

"부모가 늘 좋은 것을 주면,
아이는 늘 좋은 하루를 살게 됩니다."

**· 6일 ·**

## 어떤 유혹에도 굴하지 않고 자신만의 길을 걷는 아이로 키우는 부모의 말

그게 무엇이든 시작해서 끝을 보려면 각종 유혹을 견딜 수 있는 내면의 힘이 필요합니다. 자꾸 유혹에 굴복하면 시작만 하고 끝내지 못하는 사람이 될 가능성이 높죠. 만약 여러분의 아이가 그런 삶의 태도를 갖고 있다면, 이런 방식으로 한번 대화를 해보세요.

"보통 라면은 얼마나 끓여야 하지?"

"짧으면 2분, 길면 5분 정도 아닐까요?"

"맞아, 그런데 5분을 끓여야 하는 라면을
2분만 끓이고 멈추면 결과가 어떻게 될까?"

"에이, 아무리 덜 익은 면을 좋아하는 사람도
저대로 먹지는 못할 것 같아요."

어떤 일을 해내려면 반드시 시간이 필요합니다. 정확히 표현하면 시간을 견딘 과정과 노력이 필요하죠. 그럴 땐 아이와 함께 공감할 수 있는 주제로 이렇게 대화를 하면 기다림의 중요성과 유혹을 견딘 시간의 가치를 자연스럽게 전할 수 있습니다. 생각해보세요. 아무리 바삭한 식감을 좋아하는 사람도 심각하게 설익은 면은 먹기 힘들죠. 라면이라는 간단한 요리 하나도 제대로 해내려면 5분 동안은 불을 냄비에 집중해야 합니다. 뭐든 집중해서 하지 않으면 사소한 것 하나도 성취할 수 없어요. 하지만 세상은 그런 우리를 가만히 두지 않습니다.

"이 정도면 됐어. 그만 냄비를 꺼내."

"빨리 먹고 싶잖아. 불을 끄고 지금 먹어."

자리에 10분 이상 앉아 있지 못하는 아이, 꾸준하게 무언가를 하지 못하는 아이, 친구랑 놀 때도 변덕이 심해서 자꾸 문제를 만드는 아이 등 상황은 다양하지만, 중심에는 이런 문제가 있죠. '조금만 더 참고 견디면 되지만, 자꾸만 유혹에 넘어가서 무엇 하나도 제대로 성취하지 못한다.' 아이들은 살면서 그런 순간을 자주 경험하게 됩니다. 그럴 때 이런 생각을 하면 좋으니 아이와 함께 낭독하며 마음에 새기도록 해주세요.

"내가 목표를 하나 정하면,

세상은 유혹이라는 손님을 보냅니다.
내 각오가 얼마나 단단한지
시험하려고 보내는 거죠.
나는 어떤 유혹 앞에서도
내 목표를 지키겠습니다."

그리고 추가로 아래 소개하는 말을 아이와 나누면서, 유혹을 견디고 자신의 뜻을 유지하는 것이 얼마나 소중한 것인지 깨닫게 해주세요.

"늘 너답게 생각하고 그걸 표현하며 산다면,
어떤 유혹에도 결코 넘어가지 않을 거야."

"무언가를 이루기 위해 분투한 고통은 잠깐이지만,
그걸 시도하지 못했다는 후회는 평생이란다."

"성취는 매일 부단하게 반복한
노력의 합으로 이루어져 있어."

몸의 힘이 센 사람보다 내면의 힘이 센 사람이 더 강한 사람입니다. 단 하나의 목적에 자신의 모든 힘을 집중할 때, 정말 필요한 건 몸이 아닌 내면의 힘이기 때문입니다. 유혹에 흔들리지 않으면 그 시간까지 더해서 목표와 꿈에 투자할 수 있습니다. 그 가치까지 아이와 나누어주세요.

• 7일 •

## 아이에게 "너는 이 세상의 주인공이야!"라고 말하지 마세요

"너는 이 세상의 주인공이야!"

물론 좋은 말입니다. 아이에게 자주 들려주는 말이기도 하죠. 하지만 이 말에는 정말 큰 문제점이 있습니다. 비록 좋은 마음에서 나온 표현이지만, 사실이 아닌 것을 가르치고 있다는 점입니다. 여러분은 정말로 아이가 이 세상의 주인공이라고 생각하시나요? 곰곰이 생각해보면 '뭔가 이상한데' 싶으실 겁니다.

사소한 한마디 말도, 그게 부모의 입에서 나온 말이라면 아이들은 모두 마음에 예쁘게 담습니다. 특히 5~10세 아이들은 그게 진리인 것처럼 소중하게 생각하죠. 이 시기의 아이들을 키우는 부모에게는 정확한 표현과 올바른 상식이 필요합니다. 하지만 "너는 이 세상의 주인공이야!"라는 말은 조금은 무책임한 말이며, 동시에 큰 고민 없이 만든 표현이죠. 이 말을 통해 아이는 상실감을 느끼게 되니까요.

아무리 부모에게 "너는 이 세상의 주인공이야!"라는 말을 수없이 들었어도, 아이는 당장 밖에 나가서 어느 집단에든 속하게 되면 누구도 자신을 주인공으로 대하지 않을뿐더러, 모두가 주인공일 수도 없는 현실을 마주하죠. 아이는 그런 상황에서 상당한 고통을 느낍니다.

"어, 정말 이상하네. 분명히 부모님께서 내가 세상의 주인공이라고 하셨는데, 왜 내가 주인공이 아닌 것 같지?"

그렇게 아이의 자존감도 떨어질 수 있죠. 여러분도 아마 매일 이런 기분을 느낄 겁니다.

"아, 왜 이렇게 되는 일이 없지?"

"생각한 대로 되는 게 하나도 없네!"

"세상에서 나는 너무나 사소한 존재야."

맞아요. 여러분도 아이도 모두 이 세상의 주인공이 아닙니다. 그렇다고 아무것도 아닌 존재라는 건 아닙니다. 다만 시각을 조금 바꾸면 여전히 '주인공' 타이틀을 유지하며, 오히려 더 근사한 일상을 맞이할 수 있죠. 바로 이렇게 말입니다.

"너는 이 세상의 주인공이야!"

→ **"너는 너라는 세상의 주인공이야!"**

어떠세요? 전보다 더 분명해지고 좀 더 가슴이 뛰는 말이 되었죠. "에이, 그게 뭐가 중요해?"라며 사소한 문제라고 생각할 수도 있지만, 이렇게 바꾸면 다음과 같은 극적인 변화가 이루어집니다.

① 남의 시선을 의식하지 않게 된다.

② 자신의 삶에 집중하게 된다.

③ 내가 잘하는 게 무엇인지 찾게 된다.

④ 더 알고 싶은 걸 스스로 찾아서 공부한다.

⑤ 자신이라는 탄탄한 세계를 구축하게 된다.

⑥ 어떤 세상에서도 걱정이 없는 어른이 된다.

⑦ 같은 방식으로 자신의 아이를 키운다.

⑧ 이런 반복을 통해 명문가가 탄생한다.

한마디 말로 한 영혼이 아름다워집니다. 매일 아이에게 들려주면 좋은 말을 소개합니다. 이렇게 다른 세상을 끌어들이지 말고, 아이만의 세상을 중심에 두고 말해주세요. '과거'와 '현재'를 비교하면 더욱 좋습니다.

"넌 지금 무엇이든 할 수 있어."

"오늘은 어제와 다른 선택을 할 수 있지."

"지금도 넌 충분히 잘하고 있단다."

"내일 달라지려면 오늘 시작해야지."

여러분은 명문가에 대해서 어떻게 생각하세요? 많은 부모님이 자신의 가정을 명문가로 만들고 싶어 하시죠. 그러나 명문가의 탄생은 생각처럼 거창하거나 어려운 일이 아닙니다. 좋은 환경과 물질적인 도움이 없어도 얼마든지 가능합니다. 부모가 자신의 하루를 대하는 마음과 태도를 바꾼다면 당장이라도 만날 수 있는 현실이죠. 바로 이렇게 아이에게 들려주는 부모의 말 한마디를 섬세하게 바꾸는 것만으로도 가능한 일입니다. 얼마나 멋진가요. 그저 한마디만 바꿨을 뿐인데, 세상을 바라보는 시각과 자신을 대하는 아이의 마음을 가장 이상적인 형태로 바꿨으니까요.

중요한 건 이 모든 것이 부모가 억지로 바꾼 게 아니라, 그래야만 할 가치를 깨달은 아이가 '스스로' 자신을 바꿨다는 사실에 있습니다. 모든 아름다운 변화는 '억지로 바꾸는 것'이 아니라, '스스로 바뀌는 것'에 그 힘과 본질이 있습니다. 올바른 상식과 적절한 표현을 담은 부모의 말을 통해서, 얼마든지 만날 수 있는 아름다운 기적입니다.

**· 8일 ·**

# 주말을 아이의 잠재력을 깨워주는 '지적 시간'으로 만드는 법

주말은 부모에게만 소중한 시간이 아닙니다. 아이들에게도 역시 지난 한 주에 대한 반성과 곧 맞이할 다음 한 주를 준비하는 근사한 시간이 되어야 하지요. 주말은 아이에게 행복을 준비하는 아름다운 시간이 되어야 좋습니다.

다음에 제시하는 9가지 말을 주말에 아이와 함께 나누어주세요. 질문하고 답을 생각하는 과정을 통해 아이는 다음 한 주를 행복한 마음으로 시작할 수 있으며, 더 성장하게 됩니다.

"이번 한 주도 네가 있어 더 좋았어.
너라는 존재가 내게는 곧 행복이란다."

"주중에 남의 생각이 가득한
유튜브와 게임을 많이 했으니,
주말에는 독서와 글쓰기로
나만의 생각을 해보는 게 어떨까?"

"잘 안 된 일이 많았다는 것은,
곧 잘될 일이 많아진다는 징조란다."

"다음에 해야 할 일을 준비하는 것도
우리 삶에 꼭 필요한 일이지만,
과거의 일을 반성하는 것도 중요하단다."

"휴식은 아무것도 하지 않는 게 아니라,
꼭 해야 할 일을 하기 위해 준비하는 시간이지."

"우리 주말에는 더 자주 얼굴 보며 식사하자.
함께 웃고 맛있는 음식을 즐기는 게 행복이니까."

"이번 주말에는 뭘 할 예정이니?
주말 이후에 달라진 네가 기대된다."

“이번 주에 있었던 일 중
뭐가 가장 기억에 남았니?
그 기억이 너를 더 멋지게 만들 거야.”

“잘못한 것에 신경을 쓰며 살다가,
꼭 해야 할 것을 잊어서는 안 되지.
내일을 준비하는 오늘이 되어야지,
어제를 후회만 하는 오늘이 되면
어떤 꿈도 이루어지지 않으니까.”

아이들의 능력은 짐작할 수 없을 정도로 큰 가치를 지니고 있어요. 주말은 그런 아이의 재능과 잠재력을 깨워주는 ‘지적인 시간’이 되어야 합니다. 휴일에도 아이의 두뇌와 지성은 쉬지 않습니다. 아이는 매주 반복하는 선택을 통해서 세상에 자신이라는 존재를 다양한 모습으로 보여주며 성장할 수 있으니까요. 물론 모든 부모의 마음은 이렇죠.

“주말이라도 좀 쉬자.
나만을 위해서 하루를 쓰고 싶다.”
“애들만 살기 힘드냐?
나는 더 죽겠다.”

맞아요. 누구라도 그 말에 다른 의견을 내는 사람은 없을 겁니다. 다만 제가 말하는 건, 굳이 시간을 내서 무언가를 하라는 것이 아니라, 식사를 하거나 서로 마주칠 때 인사를 하듯 잠시 이야기를 나누라는 것입니다. 이왕이면 그냥 사라지는 말보다는 다음 한 주를 귀하게 만들 말을 나누는 게 좋겠지요. 꼭 기억해 주세요.

"주말을 아름답게 보내면,
그다음 한 주는 아이에게
폭풍처럼 성장하는 시간이 될 거예요."

· 9일 ·

# 한 게 없는 아이와 한계가 없는 아이는 '이것'이 다릅니다

모든 아이는 처음, '한계가 없는 사람'으로 태어납니다. 하지만 자라면서 다양한 종류의 '불가능'에 속한 말을 들으며, 조금씩 자신의 한계를 낮추거나 아예 가능성을 지우게 됩니다. 그 결과 아이들은 '한계가 없는 사람'에서 '한 게 없는 사람'으로 전락합니다. 5가지로 유형을 정리하면 이렇습니다.

① 하루 종일 무엇도 하려고 하지 않는다.

② 억지로 끌려가듯 무언가를 하지만, 지나고 나면 남는 게 하나도 없다.

③ 주도한 일이 없으니 책임감도 없다.

④ 자신이 늘 부족하다고 생각한다.

⑤ 무기력과 패배감이 삶을 지배하고 있다.

하지만 반대로 자신의 한계를 끝없이 극복하며 점점 '한계를 높이는 아이'도 있습니다. 그런 아이들의 삶은 이렇게 전혀 다르죠.

① 늘 무언가를 탐구하는 눈빛을 갖고 있다.
② 더 나은 답을 찾아서 책을 읽고 공부한다.
③ 휴식 시간까지 깨달음의 시간으로 쓴다.
④ 뭐든 해낼 수 있다는 태도로 시작한다.

정말 다른 삶을 살고 있지요. 그럼 대체 한 게 없는 아이와 한계가 없는 아이는 무엇이 다를까요? 한 게 없는 아이는 유독 주변에서 '단정적인 꼬리표'가 있는 말을 자주 들었다는 공통점이 있습니다. 아이의 말과 행동에 단정적인 꼬리표를 붙이는 건 매우 안 좋습니다. 부모가 아이의 마음과 성향을 아예 고정시키는 것과 같기 때문입니다. 예를 들어 이런 꼬리표가 아이에겐 최악이죠.

"완전 말하는 게 아빠 판박이네!"

"엄마 닮아서 그렇구나!"

"우리 아이는 수줍음이 많아서 그래요."

"고집이 세서 전 포기했어요."

"산만해서 주의가 필요하죠!"

"혼자 있는 걸 좋아하는 아이입니다."

사실 자세히 읽어보면 '어, 이건 긍정적인 꼬리표 아닌가?'라는 생각이 드는 것도 있죠. 하지만 모든 꼬리표는 아이에게 부정적인 영향을 미칩니다. 자꾸만 자신을 '꼬리표'라는 공간 속에 가두기 때문입니다. 꼬리표는 아이에게 하나의 벗어날 수 없는 공간입니다. 그런 말을 들으면 아이는 정말 자신이 그렇다고 생각하며 거기에서 벗어날 수 없다고 판단하게 되죠. 그렇게 자기만의 공간에서 한 치도 벗어나지 못하고 살게 되면서, 한계가 없던 능력을 점점 잃게 됩니다.

아이가 자신이 가진 능력을 모두 발휘하며 스스로 뭐든 가능하다고 생각하게 만들고 싶다면, 아이가 솔직하게 자신의 마음을 표현할 때 마음을 다해 격려하는 말을 들려주는 게 좋습니다. 예를 들자면 이렇습니다.

"엄마, 나 고백할 게 하나 있어.
어제 책 다 읽었다고 했는데,
사실 그거 놀고 싶어서 했던 거짓말이야."

이럴 때 이런 반응은 최악입니다.

"거봐라, 내가 이상하다고 생각했지.

네가 책을 다 읽었을 리가 있냐!"
"넌 대체 언제까지
그렇게 엄마를 속일 거야!"

마음을 안아줄 수 있는 격려가 필요합니다. 그래야 그 안에서 아이가 자신의 가능성을 열 수 있으니까요. 이런 식으로 말해주면 아주 좋습니다.

"엄마한테 거짓말을 하고 나서,
너 얼마나 힘들었을까?
이제 괜찮으니까 편안하게 쉬렴."

"이제라도 알려줘서 정말 고마워.
다음부터는 놀고 싶을 때 말해줘.
그럼 거짓말을 하지 않아도 되니까."

아이는 앞으로 성장하며 다양한 것들을 배우게 될 겁니다. 하지만 '이걸' 제대로 해내지 못하면 배운 것을 자신의 것으로 만들지 못하죠. 바로 '깨달음'입니다. 누구나 배울 수는 있습니다. 하지만 배운 것을 실천을 통해 깨닫지 못하면 아무것도 남길 수 없죠. 여기에서 여러분에게 정말 중요한 사실을 하나 전합니다. 바로 '설명할 수 있어야 비로소 우리는 그것을 안다'라고 말할 수 있다는 사실입니다. 왜일까요? 우리는 스스로 깨달은 것만 설명할 수 있기 때문입니다. 아이가 지금 여러분 앞에서 무언가를 설명하고 있다면 그걸 스스로 깨달았다는 사실을 의미하죠. 그래서 더욱 가능성의 언어가 중요합니다. 부모가 가능성을 높이면서 아이의 마음을 안아줄 수 있는 말을 자주 반복해서 들려줘야, 아이가 배운 것을 실천할 용기를 낼 수 있고 자기만의 깨달음에 도달할 수 있습니다. 아이에게 그런 삶을 허락해 주세요. 이 한마디를 기억하면서요.

"모든 것에 마음을 빼앗기는 아이가
모든 것으로부터 배울 수 있습니다."

· 10일 ·

# 부모 스스로 자신의 가능성을 믿는 힘

지금도 수많은 가정에서 이런 분노의 말이 오가고 있습니다.

"엄마 지금 네가 썼던 그릇,

설거지하는 거 안 보이니!"

"아빠 지금 너 학원비 내려고,

집에서도 일하는 거 안 보여!"

그래요, 부모 노릇은 참 힘듭니다. 돈도 벌어야 하고 가득한 집안일도 해야 합니다. 그래서 아이들이 종종 이런저런 이유로 말을 걸어올 때, 각종 집안일로 바쁜 부모는 소홀하게 대응할 수밖에 없죠. 아주 가끔은 정말 미안하지만 아이들에게 분노의 말로 지친 마음을 표출하기도 합니다.

"절대로 안 돼. 가서 공부나 해!"

"불평하지 마. 시끄러워, 조용히 해!"

어떤가요? 듣기만 해도 마음이 답답해지는 분노의 말이죠. 사실 마음은 그게 아닌데, 자꾸 험한 표현만 입에서 나오게 됩니다. 사는 게 너무 힘들어서 그렇습니다. 나이가 들어서 몸은 더 지치고 힘도 빠지는데, 일은 끝도 없이 이어지죠. 그리고 그런 나날이 언제까지 이어질지도 알 수 없습니다.

"언제까지 이렇게 살아야 하나?"

"이 길의 끝에는 대체 뭐가 있을까?"

그럴 때는 "조금 피곤하더라도 아이의 말에 따스한 마음을 담아 반응해 주세요"라는 조언도 귀에 들리지 않습니다. 오히려 괜히 스스로에게 화가 나서 조언을 해준 사람에게 이렇게 응수하게 되죠.

"당신이 애 셋을 키워봤어?"

"일하면서 애들 키워봤어?"

"그런 건 당신처럼
넉넉한 환경에서나 가능하지!"

힘든 여러분의 마음을 모두 이해합니다. 반복되는 힘든 나날에 지쳐서 당장 쓰러질 것만 같으니까요.

"내가 이 고생을 왜 하고 있지?
이걸… 누가 알아준다고!"

그렇게 생각하다 보면, 당분간은 혼자서 아무것도 하지 않고 고상하게 여유로운 시간을 보내고 싶다는 생각도 듭니다. 하지만 저는 반대로 이런 생각을 해봤습니다.

잘하고 싶은 마음에 이런 종류의 글을 읽으면서도 '과연 내가 이걸 할 수 있을까?'라고 생각한다면, 어떤 효과를 기대할 수 있을까요? 반대로 '이걸 내가 해내려면 어떻게 해야 할까?'라는 질문을 던지며, 자신의 가능성을 스스로 신뢰하는 게 중요합니다. 결국 모든 결과를 결정하는 건, 자신을 향한 믿음이니까요.

"아이 키우기 참 힘들다"라는 말을
"아이 키우는 데 정성이 더 필요하구나"라고,
"긍정어로 말하기 진짜 어렵네"라는 말을
"긍정어에 더 큰 가치가 있구나"라는 말로,

바꿔서 생각하고 말할 수 있다면 우리의 삶도 그렇게 바뀔 수 있을 겁니다. 그리고 부모가 자신의 가능성을 믿는 말과 행동을 아이에게 보여줄 때, 아이의 가능성도 함께 열립니다.

물론 생각과 말처럼 현실의 변화는 쉽지 않아요. 하지만 사는 대로 생각하는 것과 생각하는 대로 사는 것은, 너무나 다른 인생을 의미하죠. 이 말을 필사하고 낭독하며 우리 자신에게 믿음을 가져봐요.

"말하기 전에 한 번 더 생각하면
좋은 정보와 지식을 전할 수 있고,
다시 한번 더 생각하면
사랑하는 마음까지도 전할 수 있습니다.
세상은 자꾸만 우리 가족과 나를 압박하지만,
사랑하는 아이를 생각하면 조금 더
기다릴 여유를 가질 수 있지요.
저는 그 가능성과 가치를 믿습니다."

부유한 환경의 넉넉한 공간에서만 가능한 게 아닙니다. 물질적인 기반도 물론 중요하지만, 그게 없다고 할 수 없는 것은 아니니까요. 아니, 오히려 그게 없을수록 더욱 아이에게 좋은 마음을 전하려고 노력해야 합니다. 때로 우리에게는 서로를 향한 마음이 전부일 때가 있으니까요.

"당신이 아이에게 전한 모든 사랑은,
더 큰 사랑으로 돌아올 겁니다."

· 11일 ·

# 아이는 부모가 믿는 만큼 자랍니다

집이 갑자기 조용해지면 부모 마음은 괜히 불안합니다. 시끄럽고 정신없는 게 일상이었는데, 10분도 가만히 앉아 있지 못하는 아이가 갑자기 보이지 않으니까요. 그래서 결국 조용히 아이가 있는 방을 향해서 걸어가면 갑자기 방에서 우당탕 소리가 납니다. 방에서는 스마트폰으로 게임을 하고 유튜브를 시청하던 아이가 갑자기 자세를 고쳐서 잔뜩 경직된 자세로 공부하는 척을 하고 있죠. 이 모든 상황을 굳이 눈으로 확인하지 않아도 모든 부모는 이미 경험으로 다 알고 있습니다. 우리도 예전에 그랬으니까요. 그때 만약 분노를 참지 못하고 아이에게 이렇게 외치면 어떤 결과가 발생할까요?

“뭐하고 있었어!

몰래 게임하고 있었지?”

“갑자기 뭔가 소리가 났는데!

스마트폰으로 뭘 하고 있었어?”

“너는 왜 맨날 몰래 게임이나

유튜브 볼 궁리만 하는 거냐!”

맞아요. 대부분의 아이들이 혼자 두면 게임을 하거나 유튜브 영상을 시청하고 있죠. 시험 공부를 한다고 해서 맛있는 음식을 해주고 공부하는 동안 조용히 있었지만, 문득 바라본 방에서 아이가 몰래 게임을 하거나 유튜브 영상을 시청하는 모습을 보면 속에서 분노가 일어나며 마음과는 달리 이런 못된 말이 나오죠.

“그럴 거면 그냥 잠이나 자!”

“전기세 아까우니까 그냥 자!”

아이가 자꾸 실망하게 만든다고 부모가 불신의 말을 자주 사용하면, 아이는 더욱 그런 일상에서 벗어나지 못하고 무엇에도 집중하지 못합니다. 공부도 문제지만, 나중에 성인이 되어서도 일상에 제대로 집중하지 못하고 다른 곳에 정신이 팔려서 인생을 허비하게 되죠. 다음의 말로 아이에게 믿음을 자주 전하는 게 좋습니다. 부모가 아이를 자꾸 더 믿으면, 아이도 결국 그 믿음에 따르게 됩니다.

"정해진 시간만 게임을 하고
원칙을 지키는 게 많이 힘들지?
그래도 아빠는 네가 잘 해낼 거라 믿어."

"아무도 지켜보지 않는 곳에서
다른 곳에 정신을 팔지 않고
해야 하는 일에 집중하는 건
정말 대단한 일이야."

"엄마는 네가 혼자 있어도
최선을 다해 공부할 거라고 믿어."

"게임은 정해진 시간만 하고
나머지 시간에는 할 일을 하자.
힘들지만 너라면 할 수 있어."

아이는 다시 또 우리의 마음에 실망을 안겨줄 수도 있습니다. 사실 그럴 가능성이 더 높죠. 하지만 그렇다고 아이를 불신하고 감시해야 하는 걸까요? 그렇지는 않을 겁니다. 아이에게 분명한 믿음의 말을 들려주고 일상에서 믿음을 실천할 때, 비로소 아이의 마음속에서도 이런 생각이 피어날 겁니다.

'부모님이 나를 믿어주시는 만큼,

힘들지만 나도 조금 더 노력해보자.'

열 번 중에 아홉 번은 실망을 줄 수도 있어요. 하지만 우리가 봐야 할 곳은 아홉 번의 실망이 아니라, 한 번의 기쁨입니다. 그 하나의 기쁨 속에 어떻게든 부모님과의 약속을 지키려는 아이의 의지가 녹아 있는 거니까요. 그 한 번 두 번이, 결국에는 열 번이 될 겁니다. 믿음은 그렇게 서서히 자신의 몸집을 불려 나가니까요.

"아이의 능력이 피라면,

그걸 흐르게 만들어 주는 핏줄은

아이를 향한 부모의 믿음입니다.

부모의 믿음이 없다면,

아이는 아무것도 할 수 없습니다."

밝고 긍정적이며 야무진 아이로 키우는 하루 10분 부모 대화 수업

# 66일 자존감 대화법

**초판 1쇄 발행** 2023년 10월 13일
**초판 7쇄 발행** 2024년 7월 24일

**지은이** 김종원
**펴낸이** 민혜영
**펴낸곳** (주)카시오페아 출판사
**주소** 서울특별시 마포구 월드컵로 14길 56, 3~5층
**전화** 02-303-5580 | **팩스** 02-2179-8768
**홈페이지** www.cassiopeiabook.com | **전자우편** editor@cassiopeiabook.com
**출판등록** 2012년 12월 27일 제2014-000277호


ISBN 979-11-6827-143-2 03590